载体生物膜强化活性污泥工艺

Intensifying Activated Sludge Using Media-Supported Biofilms

［加］德怀特·霍韦林（Dwight Houweling）
［美］格伦·戴格尔（Glen T. Daigger）　著

龙泽波　罗　敏　译

中国建筑工业出版社

著作权合同登记图字：01-2021-5039 号

图书在版编目（CIP）数据

载体生物膜强化活性污泥工艺 ＝ Intensifying Activated Sludge Using Media-Supported Biofilms /（加）德怀特·霍韦林（Dwight Houweling），（美）格伦·戴格尔（Glen T. Daigger）著；龙泽波，罗敏译. — 北京：中国建筑工业出版社，2022.7

书名原文：Intensification of the Activated Sludge Process Using Media-Supported Biofilm

ISBN 978-7-112-27548-9

Ⅰ．①载… Ⅱ．①德… ②格… ③龙… ④罗… Ⅲ．①生物膜（污水处理）-技术 Ⅳ．①X703

中国版本图书馆 CIP 数据核字（2022）第 112492 号

Copyright © 2020 Taylor & Francis Group，LLC

All rights reserved. Authorized translation from English language edition published by CRC Press，a member of the Taylor & Francis Group.

Chinese Translation Copyright © 2021 China Architecture & Building Press

China Architecture & Building Press is authorized to publish and distribute exclusively the Chinese (Simplified Characters) language edition. This edition is authorized for sale throughout Mainland of China. No part of the publication may be reproduced or distributed by any means，or stored in a database or retrieval system，without the prior written permission of the publisher.

本书中文简体翻译版授权我社独家出版并在中国大陆地区销售。未经出版者书面许可，不得以任何方式复制或发行本书的任何部分

Copies of this book sold without a Taylor & Francis sticker on the cover are unauthorized and illegal. 书封面贴有 Taylor & Francis 公司防伪标签，无标签者不得销售.

本书首次为载体生物膜强化活性污泥工艺，包括移动床生物膜反应器/活性污泥（MBBR/AS）组合工艺与膜传氧生物膜反应器/活性污泥（MABR/AS）组合工艺，提供统一而完整的理论依据与设计指导。本书共 6 章，综述了当前生物污水处理工艺强化的方法及其机理，考察了悬浮生长和生物膜相混合的污水处理组合工艺及其独特的动态性能特征，介绍了一种新的表征组合工艺性能及其在工艺强化方面的优势的方法，提供了模拟组合工艺性能的导则，包括对基于 MABR 的组合工艺的氧气传递过程的模拟。

本书可供污水处理领域的科研、设计和运行管理人员，尤其是工艺设计人员参考，也可供高等院校环境工程和给水排水专业师生学习。

责任编辑：石枫华　程素荣
责任校对：王　烨

载体生物膜强化活性污泥工艺
Intensifying Activated Sludge Using Media-Supported Biofilms
［加］德怀特·霍韦林（Dwight Houweling）
　　　　　　　　　　　　　　　　　　　　著
［美］格伦·戴格尔（Glen T. Daigger）
龙泽波　罗　敏　译
*
中国建筑工业出版社出版、发行（北京海淀三里河路 9 号）
各地新华书店、建筑书店经销
北京鸿文瀚海文化传媒有限公司制版
北京市密东印刷有限公司印刷
*
开本：787 毫米×1092 毫米　1/16　印张：7½　字数：187 千字
2022 年 7 月第一版　　2022 年 7 月第一次印刷
定价：**40.00** 元
ISBN 978-7-112-27548-9
　　　　（38956）
版权所有　翻印必究
如有印装质量问题，可寄本社图书出版中心退换
（邮政编码　100037）

致 谢

本书作者谨以此书献给他们的家庭成员和工作同事，正是因为他们不懈的支持与合作，生物膜/活性污泥组合工艺的巨大潜力才得以发挥。

我们的团队由多学科成员组成，每一个成员就像拼拼图一样为本书提供一点一滴不同的贡献。团队合作是我们能够做出一些有意义或者令人兴奋的事情的根本原因。因此，我们要感谢每一位为本书出版做出贡献的人，无论这贡献是来自于你本人抑或是来自于你的专业工作。作者还将此书献给那些创新者，是他们不局限于常规，让我们看到还有很多事情要做。常规做法能够告诉我们某项技术在实际应用中是如何并且在什么条件下发挥作用的。但是，仅仅依靠这些常规做法是远远不够的。成功的创新者在积累不断演变的科学与工程知识的同时，还致力于将这些知识用于创造效率更高、性能更佳的新方法，这些新方法不仅会及时地重新定义"新的常规"，并不断地提升我们如何利用专业知识去服务社会乃至整个世界的能力。

中文版序

We are very pleased to see our book translated into Chinese. Dwight and I both live in the second largest water market on the planet，namely North America，but are gratified that our thoughts will be shared in the largest water market on the planet，namely China. I (Glen) have been involved in China since the early 1990's with relevant contributions recognized through election as a member of the Chinese Academy of Engineering. In contrast，this represents for Dwight the start to what he hopes will be a continued involvement with water professionals in China. We both understand the progress being made addressing water issues in China，which has become one of the major sources of innovation on the planet. Including contributions to membrane technology and initiatives such as The Concept Wastewater Treatment Plant，Sponge City，numerous venues are now present in China to advance wastewater treatment technology. Not only are new technologies and water management approaches being developed，but they are also being translated into practice so that the full benefits are being realized and the associated learning is occurring. We are pleased to be a part of this contribution to humankind.

We also believe that Chinese water professionals (academics and practitioners) will find the information and ideas presented in our book to be useful to advance wastewater treatment practice. We need to continue to develop and translate into practice higher performing technologies that are more energy-efficient，easier to operate，and more compact. The technologies presented in our book do this. In our book we not only describe these technologies，but also how they function and how to design them. Importantly，knowing these fundamentals about this，we can build on that knowledge to further improve them，and ideally invent even better technologies. So，we commend this information and these ideas to our Chinese colleagues，knowing that you will make best use of them.

Dwight Houweling

Glen T. Daigger

August 9，2021

译者序

在我国提出"双碳"目标的导向下，污水处理厂排放标准要求的提高以及城镇化规模的扩大使得现有污水处理厂面临着提标扩容和节能降耗的双重挑战。可以预见，在满足污水处理厂提标扩容的基础上，如何节能降耗、实现碳中和将是污水处理领域的重要课题，也是未来污水处理厂的可持续发展方向。

以载体生物膜为基础的强化活性污泥组合工艺（以下简写为"IFAS"）是实现现有污水处理厂提标扩容最为行之有效的方案之一。本专著将基础理论与工程应用紧密结合，为载体生物膜组合工艺解决方案提供了重要的工程实践技术指南，其主要特点如下：

（1）独特的视角：从"工艺强化"视角将目前最热门的 IFAS 载体生物膜组合工艺，主要包括移动床生物膜反应器（以下简写为"MBBR"）/活性污泥组合工艺和膜传氧生物膜反应器[①]（以下简写为"MABR"）/活性污泥组合工艺等归为一类。通过详细阐述载体生物膜组合工艺的工艺设计、系统模拟以及系统的动态变化等，为载体生物膜组合工艺的工程应用提供了统一而完整的理论基础和设计指导。

（2）深入浅出的风格：以泥龄这一基本设计参数为出发点并贯穿全书，阐述了清零泥龄（washout SRT）以及传统安全系数等基础概念，定性定量地解释了载体生物膜强化的基本原理，即载体生物膜的生物强化作用或接种效应，这也是另一种提高安全系数的有效方式。进而结合工程实例与软件模拟，详细阐述了载体生物膜组合工艺的工艺优势及设计。各章节由浅入深，逐步展开深入，引人入胜且便于理解。

（3）前沿组合技术的耦合：本专著首次详细地论述了最新发展的前沿技术—MABR/活性污泥组合工艺的工艺特点、工艺设计及应用实例，体现了其在提标扩容中实现节能降耗的独特优势，这对于 MABR 技术的应用推广具有里程碑式的意义。

作为译者，希望通过本书中文版的出版发行，将作者多年来在工程设计及软件开发领域的丰富经验和对污水处理系统模拟的真知灼见呈现给国内的水处理工程师们，为现有MBBR/活性污泥组合工艺的工艺设计提供重要补充，并引导 MABR/活性污泥组合工艺在国内污水处理领域的理论和应用研究，同时也为系统模拟在组合工艺中的应用与开发提供有益的参考。更为重要的是，本书针对污水处理厂的新建或升级改造、实现节能降耗的进一步工艺优化提供了新的思路与研究方向。

路漫漫其修远兮，吾将上下而求索。限于译者学识和翻译水平，书中如有不确切和翻译不当之处，望读者不吝赐教。

龙泽波　罗敏

2021 年 8 月

---

① MABR（Membrane Aerated Biofilm Reactor）直译会被翻译成"膜曝气生物膜反应器"，但是这与英文"aerated"（充气的）和 MABR 无泡曝气的理念相冲突。结合 MABR 的工作原理，本书将 MABR 意译为"膜传氧生物膜反应器"。——译者注

前言一

如何整合悬浮生长的活性污泥工艺与附着生长的生物膜工艺在污水处理行业已有很长的一段历史了。海耶斯（Hayes）工艺就提供了一个早期的例子：该工艺将小木块加入到传统活性污泥池中，通过提供表面积以增加系统的生物总量，从而提升系统的处理能力。我本人在20世纪70年代末80年代初开始从事于诸如此类的处理系统，而那时滴滤池与悬浮生长工艺的组合工艺因为简单、节能而十分流行。历史数据表明，悬浮生长工艺通常出水水质较高，出水中悬浮或分散的固体物含量较低，生物膜工艺则以单位容积处理负荷高、系统紧凑占地小而见长。许多耦合的或复合的组合工艺得以开发与应用，其主要的目的都是在于如何保留各自工艺的优势并摒弃其不足之处。

时至今日，我们已经知道悬浮生长工艺能够有效代谢污水中相当大一部分污染物，包括颗粒的、胶体的以及溶解的有机物。由活性污泥的沉降与循环回流带来的选择压力，加之以对剩余污泥排放的控制，导致在系统中逐步累积具有较好絮凝性质的活性污泥，从而取得较低的出水悬浮物浓度。相比较而言，生物膜工艺能够更有效地代谢污水中的溶解性污染物，包括溶解性有机物，而这部分溶解性污染物有可能由于运行条件不合适而导致悬浮生长工艺中丝状菌的过度生长。生物膜/活性污泥组合工艺（IFAS）的经验告诉我们，组合工艺可以营造许多不同的生物生长环境，从而可以有选择性的保留各种不同的生物菌群，而这是单一工艺很难或不可能做到的。例如，泥龄太短会导致悬浮生长工艺中硝化菌不足甚至完全消失，而生物膜/活性污泥组合工艺（IFAS）可以在其生物膜内有选择性地生长硝化菌而不受悬浮生长工艺中泥龄的影响。在IFAS工艺中，其生物膜还可以产生好氧与兼氧并存的生长环境，从而可以实现更多的工艺能力，这就类似于在悬浮生长工艺中的生物絮体内也可能发生多种反应一样（如同步生物脱氮除磷）。

膜传氧生物膜反应器（MABR）工艺与悬浮生长工艺的耦合只是组合工艺的进一步发展与延伸。这一新的组合工艺在实现附着生长的生物膜工艺与悬浮生长的活性污泥工艺组合的基础上，可发挥更多的工艺优势。膜传氧生物膜反应器（MABR）工艺可以大大提高氧气传递效率（OTE），使其在运行成本方面的优势明显。膜传氧生物膜反应器（MABR）还可以在其生物膜内创造与其他生物膜不同的生物生长环境，例如在生物膜的内部产生好氧环境，这是该工艺进一步的优势。在本书中，以目前我们对生物膜工艺和悬浮生长工艺的理解以及多年不断更新的实践经验为基础，探讨了其中的一些工艺优势。希望我们对这些工艺的理解可以为更多的创新者们提供智慧的"种子"，帮助他们大大地扩展如何进一步优化这些工艺路径，例如膜传氧生物膜反应器（MABR）/活性污泥组合工艺，从而可以让这些工艺更好地服务于我们人类以及我们人类赖以生存的地球。

格伦·戴格尔

安阿伯市，美国密歇根州

2019年3月3日

前言二

显然，我没有像我的杰出的合作者那样在活性污泥工艺或活性污泥强化工艺等领域工作那么长时间。仅仅在过去的 12 年中，活性污泥工艺成为我职业生涯中的一部分，但是这并不是活性污泥工艺在我人生中的开始。我在污水处理领域的背景可以追溯到 2002 年，那一年我在蒙特利尔高等理工学院开始我的研究生研究工作。我的研究主题是有关于城市污水好氧氧化塘的硝化处理。事实上，我们当时就想弄清楚如何在加拿大魁北克市实现氧化塘在初夏至深秋期间的硝化，这是因为在此期间排放的氨氮对受纳水体环境是有害的。这其实也是一个比较典型的实际情况，那就是如果现有设施不能够通过升级改造而提升其处理负荷，那么我们只能求其次采用活性污泥工艺替代氧化塘工艺。

与相对"强化"的活性污泥工艺相比，氧化塘工艺占地按单位服务人口计极其巨大，是"非强化"处理工艺的终极代表。但是，"非强化"处理工艺的优势也是可圈可点的。"非强化"处理工艺主要依靠自然条件进行混合并提供氧气，基本没有什么机械部件，可以说是复原能力最强且最为可持续的处理策略。然而，我的职业生涯的发展，就像污水处理行业的发展一样，却朝着相反的方向而行。我想这一趋势与城市化进程以及全球超过 70 亿的人口一定有关系。时隔 17 年之后，我写了这本有关如何进一步强化活性污泥工艺的书，不禁感慨时事变迁之快。

我写此书的动机，是在如果可能的情况下一次性地将有关生物膜/活性污泥组合工艺的一些认识与想法加以归纳总结。这些认识与想法主要包括生物膜/活性污泥组合工艺的工艺设计、接种效应，以及氨氮浓度控制生物膜与氧气浓度控制生物膜的特殊性质等。我认为在这几个方面我们大家的认知还是存有差距的。我经常听到一些从业人员的讨论，例如说组合工艺的接种效应，他们相信什么或不相信什么。这不应该是一个相信或不相信的问题，而应该是我们如何理解并验证那些有关组合工艺中工艺强化理念假设的问题。我希望将我的这些认识与想法公之于众，供大家参考与验证，也许我能够让一些人，哪怕是一两个人，能与我看法一致。如果没有人同意我的这些认识与想法，我希望可以引发一些有趣的争辩，这样也可以帮助我改进我的这些认识与想法。知识就像一条双向路，而我在行驶的过程中不仅乐于学习，而且还乐于教人。

我的工作经历也可在此书中略见一斑，我曾是一位商业化废水处理工艺模型开发师，后来成为工艺设计师/咨询师，而最近是一位工艺设备开发工程师。我的一些见解也来自于我的这些经历。作为商业化工艺模型开发师，我清楚地了解了模型在预测大规模水厂处理效果方面的作用与局限性。我了解到，复杂的模型具有极强的表述功能，但是在实际应用领域并不一定有用。可能是由于过于熟悉的原因，我对模型开发产生了一定程度的轻视，或者至少是倦怠。我离开模型开发而加入一家全球性的工程公司，我想与实际工程更接近一些。但是工艺模型在工程公司也是不可避免的。几乎在我所做的每一项工程中，工艺模型都受到极大的重视并成为最后决定的主要依据。模型的价值在我心中得到了提升，

7

而一个污水处理厂项目的启动完全恢复了我对好工艺模型所具有的价值的信心。没有工艺模型，我们对这个污水处理厂项目的启动过程中发生了什么一无所知。

在一家全球性的工程咨询公司工作让我开始接触组合工艺，并且被业内对工艺强化的热情所感染。也是在这家公司我开始接触膜传氧生物膜反应器（MABR）工艺。那时，我代表一家市政设施单位审阅一家设备经销商关于 ZeeLung 膜传氧生物膜反应器（MABR）工艺的项目建议书。膜传氧生物膜反应器（MABR）看起来似乎是一项极其高效的传氧设备，但是，这家经销商仅仅把它列为等同于传统生物膜技术的可选工艺。虽然那时我对膜传氧生物膜反应器（MABR）工艺一无所知，但是我对该工艺产生了浓厚的兴趣，只是我当时还不能够理解膜传氧生物膜反应器（MABR）工艺将如何为其用户提供效益。用行话来讲，我当时在努力理解膜传氧生物膜反应器（MABR）工艺的"价值定位"。

对新技术的困惑对我来讲是十分不舒服的一种状态，因此不久之后我就加入了 ZeeLung 团队。这个团队当时属于通用电气水处理技术（GE Water），现在是苏伊士水务技术与方案（Suez Water Technologies & Solutions）的一部分。加入这个团队让我可以直接深入了解有关膜传氧生物膜反应器（MABR）工艺的现状及潜力。另外我还因此每天减少了一半开车上班的时间，我想说的是在大多伦多地区交通拥挤的道路上的事。现在，除了忙于我的研发工作之外，我还负责解释 ZeeLung 膜传氧生物膜反应器（MABR）工艺的价值定位。

当我向客户说明膜传氧生物膜反应器（MABR）工艺的优势时，我发现其中最不直观的一点就是解释膜传氧生物膜反应器（MABR）到底是如何实现工艺强化的。换言之就是膜传氧生物膜反应器（MABR）工艺是如何提升现有生化池的处理能力的。接种效应往往是支持这一说法的核心内容。自从加入 ZeeLung 团队之后，几乎每一天我都在向公司内外的客户解释接种效应的好处以及其可能存在的局限性。这本书也可以说是我在尝试将膜传氧生物膜反应器（MABR）工艺强化理念系统化，这包括接种效应所起的作用以及它对工艺设计的影响。虽然撰写本书的动力来自于膜传氧生物膜反应器（MABR）组合工艺的开发，但是本书中的讨论、理论框架和工艺模型等都可以应用于其他类型的生物膜/活性污泥组合工艺（IFAS），包括移动床生物膜反应器（MBBR）/活性污泥组合工艺以及固定载体/活性污泥组合工艺。

德怀特·霍韦林
汉密尔顿市，加拿大安大略省
2019 年 3 月 8 日

目　录

第1章 传统活性污泥工艺的设计泥龄

本书探讨活性污泥工艺的强化基于两点假设：（1）必须实现硝化；（2）原系统在保证其设计处理能力的条件下要保持强大的硝化功能有困难。处理能力可以定义为由环境管理者或在提供的工艺处理性能保证书中提出的允许处理的水量、负荷或人口当量。系统处理能力是一个系统的最基本的定量指标。由于污水处理的总体趋势是对出水水质的要求越来越高，不难理解，这往往就降低了现有系统的处理能力的。

比较典型的例子是一个原来并无硝化要求的污水处理厂接到新的出水指标，要求其去除氨氮，这一升级要求有可能降低该厂的处理负荷至原来的1/3。又例如，一个已有硝化的污水处理厂接到新的出水要求，要求总氮（TN）达到某一标准，这一升级要求可能降低该厂的处理负荷达30%，甚至更高。

对于以上的情形，已降低的处理负荷可以通过建造新的生化池以及二沉池来弥补，但是造价通常很高。与此同时，人口的日益增长也会让原污水处理厂的处理负荷有所增加，这就意味着建设更多的生化池以及二沉池。而工艺强化将另辟新经，通过提高现有处理设施的处理能力而实现不建或少建新的处理设施。

在本书中，我们假定冬天低温条件下的泥龄是实现硝化的最重要的设计指标。这就是为什么要在第1章就开始讨论泥龄。实际上，泥龄的概念贯穿全书，是本书要讨论的核心。采用冬季的泥龄作为设计指标有可能导致对寒冷气候的偏见或误解。我们知道，在全世界很多地区，冬季的条件并不主导工艺设计。关于本书的一些观点和结论如何在相对暖和的区域的应用，会在本章的结尾讨论。

本章主要是建立传统活性污泥工艺的设计基础。更具体一点，本章将提供以下关于传统活性污泥工艺设计的概述：

（1）传统设计在理论与实际操作经验方面的基础；
（2）如何应用安全系数应对一系列问题，包括峰值负荷的应对与管理；
（3）采用超长泥龄的机会成本。

1.1 最小泥龄

1.1.1 硝化菌清零泥龄

硝化活性污泥工艺的设计以采用足够长的泥龄来保留所需的混合液污泥浓度为主导，从而实现硝化菌将进水中氨氮转化为硝酸盐氮的处理目标。当泥龄太低的时候，硝化菌通过剩余污泥排放的速率高于其生长速率，这会导致系统中只有很少的硝化菌，甚至是硝化菌会彻底消失，我们称这种状况为硝化菌清零。当一个系统处在这所谓的临界或清零泥龄（Washout SRT）的操作条件下时，该系统正好处于硝化菌清零与完全硝化之间的过渡状

1

况。完全硝化指的是进水中大部分氨氮被硝化，而且出水中的氨氮极低，一般小于 1mg N/L。完全硝化与清零泥龄一样，只是为了方便使用，并没有一个严格缜密的定义。

从硝化菌清零到完全硝化之间的过渡极快，这已经成为活性污泥工艺设计的一个共识。这一点由图 1-1（a）中的出水氨氮与泥龄的关系得到了充分的体现，图 1-1（a）即所谓的清零泥龄曲线。由这些曲线我们可以看出，当温度为 20℃时，清零泥龄略微小于两天，而当温度接近 5℃的时候，清零泥龄接近 6d 左右。同样的信息还可以用不同的形式来表达：如图 1-1（b）所示，在出水氨氮浓度 S_{NHx} 设定的情况下（例如 5mg N/L），我们可以找到最小泥龄与温度之间的关系。最小泥龄被定义为实现设定出水氨氮浓度的最短泥龄。图 1-1（b）还显示了如果出水氨氮的要求降低到 1mg N/L 或 0.5mg N/L，最小泥龄将如何延长。很显然，如果想要达到更加严格的出水氨氮标准，就要求采用更长的操作泥龄。

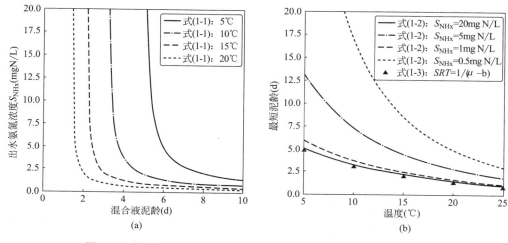

图 1-1　清零曲线［基于式（1-1）］和最小泥龄［基于式（1-2）］

设计泥龄也只是泥龄的一种术语，是生化池与二沉池的设计基础。基于安全系数的原因，设计泥龄比最小泥龄要长一些。正如我们会在 1.3 节中将要进一步讨论的是，当污水温度在 10℃左右时，10～15d 的设计泥龄是很普遍的。这对于出水氨氮要求适中或比较严格的污水处理厂来说就更是如此了。图 1-1 有可能会导致以下两条看起来有点矛盾的结论：

（1）当出水氨氮浓度要求适中（例如 5mg N/L）时，理论要求的最小泥龄要比实际泥龄要短很多。

（2）当出水氨氮浓度要求比较严格（例如 1mg N/L 或更低）时，理论要求的最小泥龄要比实际泥龄要长很多。

对于上述第（1）点，因为要保证足够高的安全系数，所以实际操作泥龄要比清零曲线所示的最小泥龄要长很多。这一点会在 1.2.1 节中会有详细的讨论。而上述第（2）点则不能用安全系数来解释。上述第（2）点的解释与生成图 1-1 中所示曲线的相关假设有直接关系。具体来说，即图 1-1 中所示曲线假设生化池是理想的完全混合反应器。这一假设大大地帮助了设计曲线及公式的推导，但是大部分时候却不能代表真实的情况。因为实际情况是，生化池大部分都设计成具有一定程度的推流式反应器特性，这样就有效地提高了系统实现较低出水氨氮浓度的能力，即所谓的"抛光"。

虽然图 1-1 中的曲线具有很强的指导意义，但实际使用时还要谨慎。除了以上已经讨论过的两点之外，我们还需要考虑其他一些因素。例如从完全硝化到清零的过渡有可能比图 1-1 中所描述的要更缓和一些。另外图 1-1 并没有分别考虑氨氮氧化菌（AOBs）和亚硝酸盐氧化菌（NOBs）对于硝化的贡献。通常这两大类硝化菌都协同工作，它们的活性可以采用一套生物动力学参数来描述，如硝化菌浓度 X_{Nit}；抑或像在本书中一样，我们假定硝化的第一步是限制步骤，从而可以用氨氮氧化菌的生物动力学参数，如氨氮氧化菌浓度 X_{AOBs}，来预测硝化反应。但是众所周知，当操作泥龄较低的时候，亚硝酸盐氧化菌有可能先于氨氮氧化菌从系统中流失，从而导致出水亚硝酸盐氮增高的现象，我们称之为"亚硝酸盐锁（Nitrite Lock）"。由于亚硝酸盐有毒，因此这一现象对于活性污泥系统内的生物以及受纳水体来说都是不希望发生的。

1.1.2 主要设计方程

图 1-1 中的曲线由式（1-1）～式（1-3）所生成。这些公式的应用已经十分成熟，这些公式的推导可以参考诸多教科书，包括 Metcalf & Eddy 和 Grady 等[1,10]。

式（1-1）和式（1-2）采用完全混合反应动力学来描述硝化细菌的生长：生物量的变化采用一级反应动力学，而基质的变化则采用 Monod 反应动力学。微生物的衰亡也采用一级反应动力学。这些公式可以由完全混合活性污泥工艺中对硝化菌生物量（X_{AOB}），以及氨氮浓度（S_{NHx}）的物料平衡来加以推导。在此强调一下，本书中采用氨氮氧化菌（AOBs）代替所有硝化菌，这是基于假定氨氮氧化菌（AOBs）的生长是硝化反应的控制步骤。这与假定硝化反应是单一的一步反应是类似的。单一的一步反应将氨氮氧化菌与亚硝酸盐氧化菌合并为一类微生物（用 X_{Nit} 来代表），其生物反应动力学参数与模拟软件中所使用的参数保持一致，而这些模拟软件通常采用两步硝化模型。对于这些公式的更加深入的讨论，以及它们在生物膜组合工艺系统中的应用，将在第 4 章中加以论述。

$$S_{NHx} = \frac{K_N(1 + bSRT)}{SRT(\mu - b) - 1} \tag{1-1}$$

$$SRT = \frac{K_N + S_{NHx}}{S_{NHx}(\mu - b) - K_N b} \tag{1-2}$$

式（1-3）是式（1-2）的一个有趣的简化，因为式（1-3）并不要求事先知道出水氨氮的浓度。事实上，式（1-3）将泥龄的计算简化为生长速率（μ）减去衰减速率（b）之后的倒数。从图 1-1 可以看出，当出水氨氮浓度要求为 5mg N/L 或 20mg N/L 时，用式（1-3）计算的泥龄仅仅比用式（1-2）计算出的最小泥龄小一点点。事实上，式（1-2）和式（1-3）计算的泥龄会随着出水氨氮浓度的增加而逐渐接近。

$$SRT = \frac{1}{\mu - b} \tag{1-3}$$

生化池内硝化菌的浓度，X_{AOB}，可以由所去除的氨氮，（$S_{NHx,0} - S_{NHx}$）和经过衰减速率修正的生长速率，$Y/(1 + bSRT)$，来计算。另外，式（1-4）中还包括了泥龄与水力停留时间之比（SRT/HRT），用来解释活性污泥工艺中泥龄（SRT）与水力停留时间

（HRT）的解耦现象。相反，对于氧化塘类型的工艺，就没有必要加入泥龄与水力停留时间之比（SRT/HRT），因为其泥龄与水力停留时间相等。如果假定泥龄（SRT）为 10d，水力学停留时间（HRT）为 6h，泥龄与水力停留时间之比（SRT/HRT）则为 40。这一比值表明了活性污泥系统与氧化塘系统相比对工艺系统强化的程度。

$$X_{AOB} = \frac{SRT}{HRT} \frac{Y(S_{NHx,0} - S_{NHx})}{1 + bSRT} \tag{1-4}$$

在式（1-1）～式（1-4）中，硝化细菌在某一温度下的比生长速率可由其在 20℃时的生长速率为基础来计算，计算如式（1-5）所示：

$$\mu = \mu_{20C} \theta_\mu^{T-20} \tag{1-5}$$

采用类似的方法，硝化细菌在某一温度下的比衰减速率也可由其在 20℃时的衰减速率为基础来计算，如式（1-6）所示：

$$b = b_{20C} \theta_b^{T-20} \tag{1-6}$$

表 1-1 列出并定义了式（1-1）～式（1-4）中所用的参数。进水氨氮浓度 $S_{NHx,0}$，泥龄以及水力停留时间可以认为是操作型参数。它们可以由操作人员或在设计中采用一个固定值或者由进水水质特性而定。生化池内硝化细菌的浓度，X_{AOB}，则是一个计算型的参数。泥龄（SRT）与出水氨氮浓度（S_{NHx}）可以交互成为操作型参数或计算型参数，这由在设计时是采用式（1-1）还是式（1-2）来定。

式（1-1）～式（1-4）中操作型或计算型参数 表 1-1

参数	单位	说明
$S_{NHx,0}$	mg N/L	进水氨氮浓度
S_{NHx}	mg N/L	生化池氨氮浓度。对于完全混合系统，其等于出水氨氮浓度
X_{AOB}	mg N/L	生化池硝化菌浓度。在本书中，假定 AOBs 是硝化控制步骤，并代表所有硝化菌
SRT	d	污泥停留时间，即泥龄
HRT	d	水力停留时间

表 1-2 列出的生物反应动力学参数是图 1-1 的基础，这些参数还将在本书中其他地方使用。与挥发性悬浮物（VSS）不同，硝化菌的量将采用化学需氧量（COD）来计，从而与模拟软件保持一致。虽然有关氨氮氧化菌（AOB）的生物反应动力学参数在文献中有诸多不同的数值，表 1-2 中所列数值代表了至少三家主要商业化模拟软件所取的数值。

图 1-1 中生物反应动力学参数 表 1-2

参数	数值	单位	说明
μ_{20C}	0.9	mg COD/(mg N·d)	20℃条件下的硝化菌比生长速率
b_{20C}	0.17	mg COD/(mg N·d)	20℃条件下的硝化菌比衰减速率
K_N	0.7	mg N/L	氨氮半饱和浓度
θ_μ	1.072	—	比生长速率的温度阿伦乌斯系数
θ_b	1.029	—	比衰减速率的温度阿伦乌斯系数
Y	0.15	mg COD/mg N	AOBs 在将氨氮转换为亚硝酸盐氮过程中的生长产率系数

1.2 设计泥龄

1.2.1 设计泥龄的安全系数

式（1-1）与式（1-2）提供了通过出水氨氮的要求来计算最小泥龄的所谓的"动力学基础"。应用这些公式要求设计人员要有较好的工程判断能力，因为这些公式没有考虑诸多因素，例如反应器内的推流式条件以及进水负荷的动态变化等。通常，设计泥龄会由式（1-2）计算的最小泥龄（SRT_{min}）乘以一个安全系数 SF 来计算，如式（1-7）所示：

$$SRT_{设计} = SF \times SRT_{min} \tag{1-7}$$

根据 Metcalf 和 Eddy，采用安全系数的理由包括以下几点：（1）允许在控制泥龄时操作变化方面的灵活性；（2）为应对 TKN 峰值负荷提供额外的硝化细菌[1]。尽管以上两点理由的影响有可能可以用一个安全系数来体现，鉴于大规模和小规模污水处理厂之间悬殊的安全系数，在多数情况下分别处理这两点的影响更为合适。德国 ATV 设计指南就是采用这样的方法，该指南将在 1.3.1 节中讨论。

Grady 等人采取略微不同的方法来决定安全系数。除了考虑进水峰值负荷的变化，以及动力学参数、进水水质特性、微生物群落的自然多变性及其他一些因素的不确定性之外，还需要考虑溶解氧限制这一因素[10]。Grady 等也意识到如果采用把这几个安全系数相乘的方式来考虑总安全系数，有可能会导致系统的过度设计。为了避免系统的过度设计，他们推荐将这三个安全系数分别应用于由式（1-3）计算的泥龄，即清零泥龄。

1. 泥龄的控制

污水处理厂要控制泥龄，首先是要求控制剩余污泥"每天的排放量，即排放容积"。这一方法的可靠性受制于剩余污泥（WAS）流量计的质量，还有可能受到污泥处置设施的日程安排和优先程度的影响，因为剩余污泥（WAS）必须由污泥处置设施来处理。而实际上，泥龄是由每天排放的生物的总质量来决定的。这将导致另外一个不确定性因素，即每天排放的"所有的污泥"中剩余污泥的固体含量。的确，在实验室内测定活性污泥样品的固体含量是比较容易的；然而如何采集具有代表性的"所有排放的污泥"的样品却并不容易。

2. TKN 峰值负荷

采用安全系数来应对 TKN 峰值负荷是必需的，这是因为式（1-1）和式（1-2）是在假定稳态条件下推导出来的结果，即假定所有条件随着时间的变化 $\left(\dfrac{d}{d_t}\right)$ 都等于 0。根据稳态条件的定义，式（1-1）和式（1-2）没有考虑进水负荷昼夜、每周或各季度之间的变化。在实际工程中，我们看到出水氨氮浓度对负荷的变化是十分敏感的。其中的一个原因可能是因为硝化细菌不能够像异养菌那样在峰值负荷营养物"丰盛"的时候储存营养物。因此，当氨氮峰值负荷出现的时候，超过平均氨氮负荷的那部分氨氮有可能直接进入到出水之中，即我们通常所说的出水氨氮穿透。

1.2.2 硝化菌活性与氨氮负荷的比例

图 1-2 展示了如何利用安全系数应对峰值负荷，并防止出现出水氨氮穿透。这一策略重点说来就是利用延长泥龄来增加反应器内的硝化菌总量，从而提升系统的最大潜在硝化能力（最大硝化潜能），而不仅仅是简单地满足平均负荷条件下的要求。

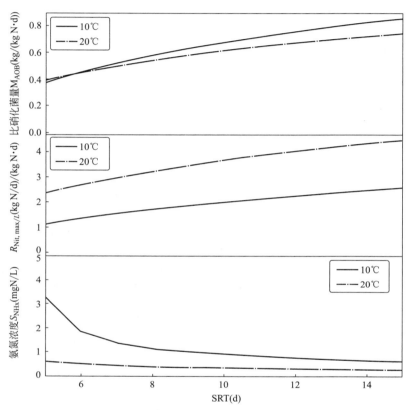

图 1-2 硝化菌总量/氨氮负荷比与混合液 SRT 的关系

（水温 10℃和 20℃）

1. 硝化菌总量

硝化菌总量可通过由式（1-4）计算的反应器内硝化菌的浓度 X_{AOB} 和生化池的容积 V 来计算，如式（1-8）所示：

$$M_{AOB} = X_{AOB} \times V \tag{1-8}$$

2. 最大硝化潜能

最大硝化潜能 $A_{Nit,max}$，就是系统内硝化菌总量 M_{AOB} 乘以比基质利用率 μ/Y，如式（1-9）所示

$$A_{Nit,max} = \frac{M_{AOB} \times \mu}{Y} \tag{1-9}$$

上述计算公式假定氨氮不是控制因素，这就是为什么叫作"最大"硝化潜能的原因。这与测定生化池前端的硝化能力类似，因为在生化池前端的氨氮浓度相对来说是比

较高的。同样，也可以取一部分混合液样品，加入氨氮使其浓度增加至 20mg/L 左右，然后测定氨氮的去除速率，也可以得到最大潜在的硝化能力，即最大硝化潜能。这样获得的硝化能力是在活性污泥反应器的后端当氨氮浓度受限时而不可能达到的。这并不是问题的关键，我所想说的是，当峰值负荷出现时，也就是当较高的氨氮浓度进入到反应器的后端时，那些原来氨氮受限的硝化菌能够根据新增的氨氮负荷而相应地提高其硝化速率。

最大硝化潜能 $A_{Nit,max}$ 与进水平均氨氮负荷 L 之比定义见式（1-10），其单位为"（kg N/d）/（kg N·d）"。

$$R_{Nit,max/L} = \frac{A_{Nit,max}}{进水平均氨氮负荷} \tag{1-10}$$

$R_{Nit,max/L}$ 有可能从小于 1 大到 2 或者是 3。当 $R_{Nit,max/L}$ 比值比较高时就表明系统处理峰值负荷的能力较强。需要强调的是，当 $R_{Nit,max/L} > 1$ 时这并不意味着系统中的硝化菌可以去除比进水所含的氨氮更多的氨氮。这只表明，当峰值负荷出现时，系统中的硝化菌还有能力"应付自如"，可以去除比平均负荷条件下更多的氨氮。

图 1-2 显示，当水温为 10℃、泥龄为 5d 时，出水氨氮大约为 3mg N/L。同时，$R_{Nit,max/L}$ 约为 1kg N/d（最大硝化潜能）/（kg N·d）（日平均进水负荷）。这就是说，即使可以接受出水氨氮浓度为 3mg N/L，而在 $R_{Nit,max/L} = 1$ 时，系统处理任何短期进水氨氮峰值负荷的能力基本上是 0。这不是我们希望的操作状况。然而当泥龄为 10d 时，最大硝化潜能为日平均进水负荷的 2 倍，即 $R_{Nit,max/L}$ 约为 2。这可以理解为：当温度为 10℃，对于峰值系数为 2 的进水负荷，操作泥龄为 10d 是合适的。在 1.2.1 节讨论过，在考虑安全系数时，还有很多其他的因素要加以考虑。但是，基本原理是一样的，那就是说采用较长的泥龄是防止峰值条件下出水氨氮穿透的有效策略。

图 1-2 中的重要信息可以归纳如下：

（1）对于温度为 20℃、泥龄为 5d 以上，以及温度为 10℃、泥龄为 10d 以上的情况，出水氨氮浓度基本上是维持不变的。因此，只看图中出水氨氮浓度是无法体现采用高于这些最小泥龄的操作泥龄的价值的。

（2）当温度为 10℃，泥龄从 10d 提升至 15d 时，$R_{Nit,max/L}$ 增加近 50%；当温度为 20℃，泥龄从 10d 提升至 20d 时，$R_{Nit,max/L}$ 增加近 100%。这就增加了系统处理短期峰值负荷的能力，并解释了在最短泥龄的基础上应用安全系数的价值。

（3）系统中硝化菌总量与泥龄并不是线性关系，这是因为系统中生物的衰减也随着泥龄的增加而增加。

（4）除了当出水氨氮高于 3mg N/L 的情况之外，系统在 10℃时硝化菌总量总是高于 20℃时的硝化菌总量。这是因为温度较高时，生物衰减速率也较高。

图 1-2 中所示的曲线来自于工艺模拟软件，但是这些曲线也可以很轻易地由式（1-1）和式（1-4）而得到。有关工艺模拟软件的应用和优势将在第 5 章中加以详细的讨论。另外，有关组合工艺如何提高 $R_{Nit,max/L}$ 将在第 6 章中加以探讨。

1.2.3 设计实例

要开发活性污泥工艺强化的实操策略，就需要正确理解泥龄在设计中的作用。即要使生化池和二沉池变得更小，我们首先要了解采用传统设计泥龄是如何导致较大的生化池和二沉池的。基于泥龄的设计方法将在本节中加以描述。在1.3.2节中，将讨论基于单位体积负荷率的硝化设计方法。这一经验方法并不要求有关操作泥龄的任何知识。但是我们将看到，经验方法和基于反应动力学，也就是基于泥龄的设计方法，所得出来的结果是差不多的。

1. 最小好氧泥龄

最小泥龄可由式（1-1）所生成的清零曲线来获得。温度和出水氨氮浓度目标是影响清零曲线中最小泥龄的关键参数。需要注意到的是，通过这一方式计算出来的最小泥龄是基于系统全部处于好氧状况的假定。

然而，出水对氮磷的要求有可能需要在系统中加入非好氧区来实现反硝化和/或强化生物除磷（EBPR）。非好氧区的存在可采用最短好氧泥龄来代替式（1-2）或式（1-3）中的最小泥龄来加以考虑。系统的最小总泥龄则可由最小好氧泥龄除以混合液好氧池容的比例来计算。

系统中，溶解氧的限制可根据溶解氧半饱和系数 K_{DO} 来相应降低硝化菌的比生长速率 μ，本书中假定二者之间存在 Monod 关系，即 $\dfrac{DO}{K_{DO}+DO}$。

2. 安全系数

将安全系数应用于最小泥龄，不仅考虑进水负荷的变化以及硝化菌动力学参数的不确定性，并为剩余污泥的排放管理提供操作方面的一定的灵活性。安全系数既可以像德国ATV设计指南（见1.3.1节）中那样直接地加以应用，也可以像加拿大安大略省政府设计指南（见1.3.3节）中那样间接地加以应用。

3. 污泥产量与总量

污泥产量可根据进水 BOD 或 COD 负荷、TSS 负荷以及污泥产率来计算。污泥产率定义为相对于进水负荷每天产生的污泥质量。污泥产率根据污水处理厂进水水质特性、工业污水负荷的比例以及其他一些因素的变化而变化。污泥产率还根据泥龄的变化并依照与其特定的关系而变化，一般来说较长的泥龄会导致较低的污泥产率。工艺设计中的不确定性来源于污泥产量的不确定性。造成污泥产量的不确定性的主要原因来自于对不断变化的进水负荷定量的不准确性，以及 TSS 中可生物降解与不可生物降解物质之间的相对比例的不准确性。

污泥总量可由污泥产量乘以泥龄来加以计算。这一计算方法十分直接，但是任何有关污泥产量或者泥龄的不确定性都会在污泥总量的计算中得到反映。

4. 生化池容积

生化池容积可由污泥总量除以特定的目标混合液污泥浓度来计算。尽管 3000～4000mg/L 的目标混合液污泥浓度（MLSS）十分常见，但是生化池内混合液污泥浓度（MLSS）可高达 10000mg/L 或更高，在这方面并没有应用方面的限制。当生化池内混合液污泥浓度（MLSS）特别高时，氧气传递效率（OTE）会显著降低；对于生化池容积小且进行了工艺强化的系统来说，有可能不能提供足够的曝气来满足系统对氧气的需求。3000～4000mg/L 的目标混合液污泥浓度（MLSS）也通常意味着二沉池的固体负荷率（SLR）是指导性的设计准则。

5. 二沉池尺寸大小

二沉池的两个基本设计参数是表面溢流率（SOR）和固体负荷率（SLR）。表面溢流率（SOR）是污水处理厂进水流量的函数；而固体负荷率（SLR）将进水流量、回流污泥（RAS）流量以及生化池内混合液污泥浓度（MLSS）的影响加以综合。增加二沉池的大小可以提高生化池内的混合液污泥浓度。也就是说，较大的二沉池可以缩小生化池的容积。3000～4000mg/L 的目标混合液污泥浓度（MLSS）被经常采用，因为这样的设计提供了生化池与二沉池大小及造价之间的优化组合。

6. 曝气系统设计

曝气系统必须提供足够的氧气，在满足微生物对含碳及含氮化合物的需氧量的同时，保持生化池内的好氧状况。含碳及含氮化合物的需氧量在总需氧量中所占的比例相当，但是会根据进水中碳氮比（C/N）以及操作泥龄的变化而变化。

比较典型的设计是给曝气设备厂商提供氧气需求量要求和生化池的几何尺寸。首先，对生化池各个区域的需氧量的相对分布进行估算，将较高比例的需氧量置于生化池的上游。生化池内每个曝气装置的空气流速将根据设定的氧气传递效率（OTE）来定，氧气传递效率（OTE）一般取 10%～20%。这一方法不确定性的主要原因来自于特定的现场条件下氧气传输的传质阻力的确定，即所谓的 α 因子的确定。

对于传统活性污泥工艺，曝气系统的设计通常不会对生化池和二沉池的尺寸造成影响。但是当处理温度较高，或者污水浓度较高时，上述这一说法就有可能是不对的。在这些情况下，有必要增加生化池的大小，从而利用更大的容积（m^3）来"稀释"，即降低氧气的需求量（kg O_2/d）。包含这两个参数的一个关键指标就是氧气利用率（OUR），其单位通常为 mg O_2/（L·h）。对于传统好氧工艺来说，氧气利用率（OUR）设计值高于 90～100mg O_2/（L·h）都是不切实际的。在我们进一步探讨活性污泥强化这一话题的时候，我们要将这一点牢记于心。

1.3 硝化活性污泥工艺设计规范

1.3.1 德国 ATV 设计规范

德国政府制定了一套标准和规范，通常统称为 ATV 设计规范。ATV 设计规范在行业内极具影响，在德国以及欧洲的很多其他国家都得到应用。根据 ATV 设计规范，池体的尺寸大小的设计基础包括设计泥龄、计算的污泥产量，以及最大的可接受的沉淀池的负荷率[25]。

设计泥龄由硝化菌动力学参数和安全系数来定。安全系数的选取考虑以下因素：

（1）硝化菌生长速率（$\mu-b$）的变化，这是由污水中抑制性化合物、短期的温度变化以及 pH 的偏移所造成的；

（2）出水氨氮目标，S_{NHx}；

（3）进水氨氮负荷的变化，例如峰值系数。

小型污水处理设施服务人口较少，污水收集的区域也小，因而污水呈现出较大的昼夜以及季节性变化，所以小型污水处理设施一般有较高的峰值系数。根据以上原则，设计时需要采用较高的安全系数。小型污水处理设施一般工作人员少，系统维护的程度相对较低，因此采用较高的安全系数有利于小型污水处理厂的正常运转。

1.3.2 北美十大州标准

五大湖区及密西西比河上游区污水委员会发布了一系列污水处理设施设计的建议标准，通常称之为北美十大州标准[22]。该委员会内的成员州和省包括美国伊利诺伊州、印第安纳州、爱荷华州、密歇根州、明尼苏达州、密苏里州、纽约州、俄亥俄州、宾西法利亚州、威斯康星州，以及加拿大安大略省。北美十大州标准对所辖区域及其他区域所颁发的设计规范都有很重要的影响。

1. 基于负荷的设计规范

与德国 ATV 设计规范不同，十分有趣的是，这十大州标准对传统活性污泥工艺的设计没有提供关于最短泥龄的任何指导。其设计方法更注重经验，并侧重于单位体积内 BOD 最大负荷。北美十大州标准对传统活性污泥工艺的设计见表 1-3。该表中最重要的一个数值就是，对于单级硝化工艺系统来说，其最大设计负荷为 $0.24 kg\ BOD /（m^3 \cdot d）$。

基于北美十大州标准的好氧池容量和负荷允许值 表 1-3

工艺	好氧池有机负荷 $[kg\ BOD_5/(m^3 \cdot d)]$	F/M 比值 $[kg\ BOD_5/(kg\ MLVSS \cdot d)]$	MLSS (mg/L)
传统活性污泥好氧完全混合法	0.64	0.2～0.5	1000～3000
接触稳定法	0.80	0.2～0.6	1000～3000
延时曝气单级硝化	0.24	0.05～0.1	3000～5000

2. 负荷与泥龄的关系

图 1-3 中的曲线表明，当生化池的负荷为 $0.24 kg\ BOD_5/（m^3 \cdot d）$ 时，系统的泥龄大于 15d。影响二者关系的参数包括污水的水质特性以及目标混合液污泥浓度。在图 1-3 中，污水的水质特性由进水 TSS/BOD 的值来代表，TSS/BOD 值在 0.9～1 之间波动。较高的 TSS/BOD 值表明进水中非生物降解悬浮物（有机的和无机的）所占的比例较高。进水中非生物降解悬浮物的比例十分重要，因为它将按 1:1 的比例产生污泥。这就意味着每 1kg 的进水非生物降解悬浮物都将 100% 的贡献于污泥产量。相比而言，进水中 BOD 对污泥产量的影响比例较小，一般小于 0.5:1，这是因为一部分 BOD 被氧化成为二氧化碳和水。

目标混合液污泥浓度在设计中变化较大，更主要的是受到二沉池尺寸大小的影响。较大的二沉池可以提升生化池的目标混合液污泥浓度。表 1-3 中目标混合液污泥浓度在 3000～5000mg/L 之内波动。该目标混合液污泥浓度可能是最为典型的设计范围，其中的设计上限适用于最大月负荷条件下的运行。

1.3.3 加拿大安大略省规范

考察北美十大州标准对其中的一个成员州（实际上是一个省）在其具体的管理层面上的影响是十分有趣的。加拿大安大略省发布了自己的《污水工程设计规范》，其主要设计参数见表 1-4，这可以与表 1-3 中的北美十大州标准进行对比[21,22]。

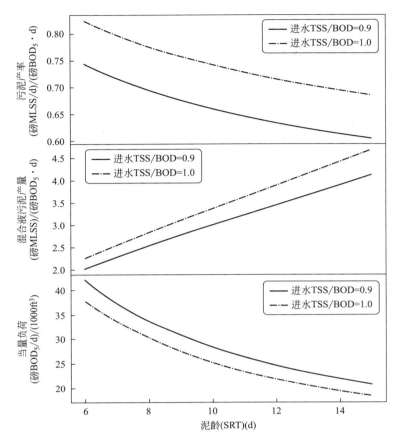

图 1-3 基于工艺模型模拟的泥龄（SRT）和允许负荷率之间的关系
（假设目标 MLSS＝3000mg/L，水温 20℃）

基于加拿大安大略省规范的好氧系统设计参数 表 1-4

工艺	好氧池有机负荷 [kg BOD$_5$/(m³·d)]	F/M 比值 [kg BOD$_5$/(kg MLVSS·d)]	MLSS (mg/L)	SRT (d)
传统活性污泥无硝化	0.31～0.72	0.2～0.5	1000～3000	4～6
传统活性污泥有硝化	0.31～0.72	0.05～0.25	3000～5000	＞4(20℃)；＞10(5℃)
延时曝气	0.17～0.24	0.05～0.15	3000～5000	＞15

值得注意的是，加拿大安大略省规范保留了与北美十大州标准相同的负荷要求，但同时还给出了操作泥龄的可接受范围。由表 1-4 可见，北美十大州标准中的 0.24kg BOD$_5$/（m³·d）的目标负荷在加拿大安大略省被用作延时曝气工艺中最大允许负荷。在该负荷条件下，泥龄＞15d，这与图 1-3 所示的要求是一致的。延时曝气工艺的设计标准，例如，要求泥龄＞15d，一般也是应用于规模较小的污水处理设施。对于这些较小规模的污水处理设施而言，其峰值系数相对较高，由于操作人员较少，其系统维护的程度也相对较低。

对于传统硝化活性污泥工艺来说，可允许的负荷可以在 310～720g BOD$_5$/（m³·d）

之间波动，所对应的泥龄为 10d 或更长。与延时曝气工艺的设计标准对比，10d 左右较低的泥龄适用于较大规模的污水处理厂，因为较大规模的污水处理厂峰值系数相对较低，且操作人员较多，其系统维护的程度也相对较高。

1.3.4　温暖炎热地区的规范

上述设计规范都基于这些地区冬季的最小硝化泥龄要显著大于夏季的最小硝化泥龄。因此，寒冷的气候条件是生化池和二沉池设计的决定性因素。在世界上一些温暖高温区域，生化池设计的决定性因素事实上有可能是夏季的条件，因为夏季的高温条件一方面可导致混合液中生物呼吸速率的增高，另一方面还会增加氧气传质的阻力。

如果曝气系统的设计成为生化池设计的决定性因素，问题就有可能不是硝化细菌从系统中是否流失的问题，而是可不可能为硝化菌提供足够氧气的问题。在这种情况下，在 1.2.1 节中讨论的安全系数的概念还是有用的。安全系数可以提高最大硝化潜能与进水氨氮负荷之比，即 $R_{\text{Nit,max/L}}$。除了应对进水氨氮峰值之外，这样做还可以提供额外的硝化菌来弥补硝化菌有可能由于溶解氧受限而失去的活性，溶解氧受限即所谓的"溶解氧下垂（DO sag）"。

1.4　延长设计泥龄的机会成本

在前面的章节中我们讨论了采用较高的安全系数以及较长的设计泥龄的好处。的确，这也是通常的主导设计理念。例如，加拿大安大略省规范要求在温度为 5℃时的最小泥龄为 10d，但是同时又建议对所谓的延时曝气工艺，其设计泥龄要求大于 15d。延时曝气工艺设计一般也是建议用于进水多变的小型污水处理设施，实际运行表明其设计泥龄可以短一些。

但是与此相关的还有机会成本，或者说是失去了机会。最明显的一点就是，更长的设计泥龄要求更大的生化池和二沉池，而投入这些基础设施的费用则不可能用于其他的地方，例如运输、教育及医疗保健等。除了财务成本之外，还需要考虑其他的一些因素，例如运行成本、碳足迹（温室气体的排放）以及与资源回收之间的矛盾。这些因素将在以下的段落中进行讨论。

1. 更高的运行成本

较高的安全系数将增加能量消耗，这是因为当泥龄更长时，混合液中的生物就有更多的时间进行衰减。微生物的衰减也称作内源呼吸，是需要消耗氧气的。当泥龄较长时，内源呼吸的需氧量对一个污水处理厂的曝气装备的要求会产生显著的影响。考虑到在泥龄为 10d 时曝气能耗已经占到一个污水处理厂能耗的 50%，由于延长泥龄而造成的附加能耗就值得好好考虑了。

另外还需要考虑的是，污水处理厂的设计一般考虑至少 20 年之后的预测负荷。因此在没有达到这个预期负荷之前，污水处理厂将处于负荷不足的情况，在一些情况下负荷还可能严重不足。微生物生长对曝气的要求有可能比生化池内混合对曝气的要求还要低，而这部分能量就是用来保持生化池内的微生物处于悬浮状态。在这样的情况下，这些污水处理厂要对其生化池进行过度充氧或曝气，也就是提供比微生物需求多得多的空气。在这些生化池的混合决定曝气量的污水处理厂，其能量效率（以 kWh/m³ 污水或 kW/人计）是极低的。

2. 能源回收

除了由于延长泥龄增加的曝气能耗之外，通过内源呼吸而被氧化的微生物也需要考虑。内源呼吸事实上损失了捕获微生物自身所含能量的机会。目前比较成熟的捕获微生物自身所含能量的技术包括厌氧消化以及热氧化（焚烧）等，而众所周知泥龄较长的处理工艺产泥少，而且所产污泥更不适合产能。

目前，污水行业正试图将污水处理厂从简单的提供"污染控制"转变为"资源回收设施"，所以我们需要考虑长泥龄的影响。事实上，比较短的泥龄可以帮助污水处理厂改善其能量平衡：比较短的泥龄既可以减少能耗又可以增加产能量。这一点有可能违反我们的直觉逻辑，因为污水处理厂通常都在尽可能地减少污泥的产量：污泥处置费用是极其昂贵的。然而，如果污泥资源化设备与设施已经建成，这将激励污水处理厂最大限度地提高污泥产量。

3. 对生物营养物去除（BNR）的影响

运行泥龄对生物营养物去除的影响不是简单明了的，这极大程度上取决于工艺构型和曝气策略。一方面实际表明长泥龄系统在某些情况下对总氮的去除效果良好。这在将内源呼吸阶段的碳氧化和硝酸盐还原成氮气（即反硝化）作用进行耦合时是可能发生的，但是达到这点所需的条件是独特的，并不能适用于许多污水处理厂。

对于大多数污水处理厂，长泥龄运行将会由于污泥释放而导致氨氮浓度增加。这种现象是因为污泥的内源呼吸会把碳和氢转换为二氧化碳和水，而氮会被以氨氮形式而释放。对于要求出水总氮达标的污水处理厂，长泥龄运行会增加需要去除的有效氮负荷。同样的逻辑也适用于对总磷的去除。

4. 对于营养物回收的影响

从污水中回收营养物的一个最简单的方法是从污泥里获取这些营养物，因此，任何减小污泥产量的工艺都将限制营养物回收。虽然存在从液相中回收营养物的技术，但是这些技术都会面临相同的基本事实，那就是从浓缩液里回收营养物要比从稀释液中更容易些。作为通用原则，增加生化池容积、限制污泥产量和延长泥龄都将导致这种"稀释"效应，因此长泥龄限制了从污水中回收营养物的潜力。

1.5　什么是工艺强化?

1.5.1　降低混合液污泥泥龄

强化活性污泥法的目标是在更小的池容下处理更多的污水。正如下一章要讨论的，生物膜/悬浮生长组合工艺系统并不是达到这一目标的唯一策略。除了组合工艺，强化活性污泥法的重要策略包括膜生物反应器（MBR）、混合液压载、颗粒活性污泥、分段进水和混合液脱气技术。然而这些选项中，只有组合工艺是基于最小化混合液泥龄来运行的。而正如前面章节所讨论，最小化设计泥龄是实现资源回收的重要策略。

1.5.2 保障安全系数

工艺强化的目的不是减小安全系数。对于管理来水负荷波动和提供运营水厂所需灵活性来说，安全系数是关键因素。在减小安全系数下运行活性污泥工艺根本就不是真正的工艺强化，而只是简单地增加了出水不达标的风险。

如 1.2.2 节所示，根据最大混合液硝化潜能与进水负荷比值 $R_{Nit,max/L}$ 来考虑安全系数是个合理的基准。这个指标将在第 4 章和第 6 章再次提出，并用于评估在高于清零泥龄条件下运行的组合工艺的强化作用。

第 2 章　载体生物膜/活性污泥组合工艺

如第 1 章所述，设计泥龄的选择是以确保生化池内具有足够的硝化菌为基础。其原因在于设计泥龄以及进水负荷将决定系统中污泥的产量以及生化池内污泥的总量。污泥的总量、生化池的容积以及污水的流量反过来将决定二沉池的污泥负荷。如果二沉池污泥负荷过高，二沉池将失去其沉淀效果，因此设计泥龄将有效地限制进水负荷。这就是为什么我们发现满足硝化这一要求是决定污水处理厂处理规模的基本瓶颈。

将生物膜载体导入生化池，采用拦截网或其他方式将这些生物膜载体保留在生化池内，是规避上述基本瓶颈的一种方法。这样可以增加系统内微生物的总量，而不影响二沉池的污泥负荷。正如活性污泥中的混合液一样，生物膜内的微生物既有异氧菌，也包括硝化菌。一个好的设计方案将尽可能促进生物膜内硝化细菌的生长，采用硝化生物膜去除一部分氨氮，从而减少混合液需要去除的有效氨氮负荷。但是，对于这类的组合工艺，其混合液硝化所需的泥龄是不是还和传统工艺是一样的呢？如果是这样，这类组合工艺又有什么优点呢？

本章将提供生物膜/悬浮生长组合工艺，即生物膜/活性污泥组合工艺（IFAS）的概况、历史背景以及设计基础。更加具体地来说，本章将包括以下内容：

（1）对比生物膜/悬浮生长组合工艺系统与其他的工艺强化策略。

（2）概述生物膜/活性污泥组合工艺（IFAS）的设计步骤，该设计将采用比传统活性污泥法所不能允许的更短的混合液污泥泥龄。

（3）罗列生物膜/活性污泥组合工艺（IFAS）的不同方法，包括固定床生物膜/活性污泥组合工艺、移动床生物膜（MBBR）/活性污泥组合工艺和膜传氧生物膜反应器（MABR）/活性污泥组合工艺。

（4）概述生物膜/活性污泥组合工艺（IFAS）是如何演变，从而更好地解决活性污泥工艺强化的一些限制性因素的。

2.1　工艺强化的策略

当考虑载体生物膜强化活性污泥工艺的潜能时，我们可以问以下几个问题：第一，活性污泥工艺的生化池以及二沉池的设计步骤是什么？它们的池体尺寸是如何决定的？第二，限制工艺的基本物理定律是什么？第三，有哪些策略可以避免这些物理定律的限制，从而可以采用较小的池体，也就是工艺强化？

图 2-1 示意性地展示了一些主要设计参数和物理限制性因素是如何影响活性污泥工艺生化池和二沉池的池体尺寸设计，从而最终影响系统的总投资成本（CAPEX）的。这些参数和因素包括进水流量及负荷、温度、扩散和传质限制等。虽然无论如何这些还不是一个全面的概述，但是图 2-1 可以帮助了解混合液污泥泥龄相对于其他因素（如温度和污泥

沉降性能）对活性污泥系统总投资成本（CAPEX）的影响。对活性污泥的强化可以看作是对其设计步骤进行简化的尝试。例如，沉淀池可以采用其他不依赖于污泥沉降性能的固液分离方法来替代。或者是，活性污泥絮体的沉降性能可以采用微砂加载或其他的方式来加以强化。或者是如组合工艺那样，将一部分污泥固定于反应器内，从而不增加二沉池的固体负荷。

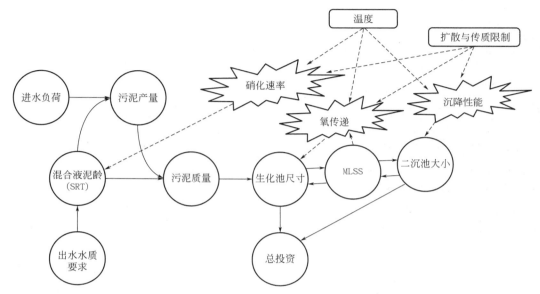

图 2-1　传统活性污泥法设计步骤示意图（包括温度和传质限制的作用）

当我们对工艺设计步骤及其受限的物理定律有了比较清楚的认识之后，就不难理解不同的工艺强化方案是如何演变至今的。这同时也为今后的技术发展方向提供了重要的线索。目前业内工艺强化的三大主要策略如下：

（1）改善污泥沉降性能；

（2）采用膜过滤工艺代替沉淀池；

（3）采用载体附着的生物膜，将部分污泥固定于生化池内，因而不影响二沉池的固体负荷（SLR）。

尽管以上策略都可以提供工艺强化，但是不同的策略对设备的要求、机械与自动化要求的水平、操作的可靠性、能耗以及出水水质等是不一样的。采用技术筛选的术语来表达则是，这些策略的资金成本、运行成本、工艺的可靠性、能耗以及碳排放都是不同的。

以下章节将首先介绍前两个策略，这是为了用来更好地强调第三个策略，第三个策略才是本书的重点。

2.1.1　采用膜生物反应器

膜生物反应器（MBR）工艺强化宣称该工艺可以将混合液污泥浓度（MLSS）从传统活性污泥法的 3000mg/L 左右提升至 8000～12000mg/L。当混合液污泥浓度（MLSS）高于 8000～12000mg/L 时，采用常规的跨膜压差（TMP）就很难保证较高的透水率或膜通量了。

膜通量指的是单位膜面积的透过液流量，通常采用的单位是"L/（m² · h）（简写LMH）"。跨膜压差（TMP）指的是膜两侧的操作压力差，可能基于透过液一侧的抽吸压或者是混合液一侧的正压力。膜的透水率则是膜通量与跨膜压差（TMP）的比值，其单位通常采用"LMH/kPa"或者是"LMH/psi"。

1. 膜通量

膜生物反应器（MBR）比较典型的膜通量为 11～30LMH，即 0.26～0.72m/d。作为对比，二沉池比较典型的表面溢流率大约为 40m/d。假定膜生物反应器（MBR）的混合液污泥浓度为 10000mg/L，膜生物反应器（MBR）按膜面积计的污泥负荷率（SLR）为2.6～7.2kg MLSS/（m² · d）。作为对比，硝化活性污泥工艺二沉池比较典型的污泥负荷率（SLR）约为 170kg MLSS/（m² · d）。

也就是说，膜生物反应器（MBR）的有效水力负荷相对于二沉池低 50～150 倍，有效污泥负荷率（SLR）相对于二沉池低 25～65 倍。由此可见，膜过滤在单位面积负荷率方面是无法与基于重力的沉淀池相匹配的[①]。然而值得注意的是，膜生物反应器（MBR）可以比二沉池去除更多的颗粒物，这是因为膜生物反应器（MBR）的膜的孔径很小，一般在 0.04μm 左右。因此，膜生物反应器（MBR）工艺强化的优势之一就是该工艺可以提供相当于二沉池与三级过滤组合的悬浮物去除水平。也就是说，膜生物反应器（MBR）将二沉池与三级过滤合二为一。

2. 比表面积的对比

膜生物反应器（MBR）的比表面积取决于膜的装填密度以及所采用的是中空纤维膜还是平板膜。不同的设备供应商提供的膜生物反应器（MBR）比表面积从 150～300m²/m³不等。而水深为 4m 的圆形二沉池的比表面积仅为 0.25m²/m³。

这就是说，典型的膜生物反应器（MBR）的比表面积是二沉池的 600～1200 倍。这就是膜生物反应器（MBR）的根本优势所在：膜生物反应器（MBR）较高的比表面积足以弥补其较低的单位面积的负荷率，即膜生物反应器（MBR）采用高装填密度来弥补其较低的膜通量。

需要说明的是，二沉池的比表面积可以通过增加斜板的方式来提高。但是，当污泥区域沉降为速率控制步骤时，增加斜板并不能提高二沉池的处理水平。对于大部分二沉池来说，污泥区域沉降一般也都是速率控制步骤。

2.1.2　改善污泥的沉降性能

在沉降过程中，颗粒物在重力（F_g）与反向的阻力（F_d）相等时达到其终级沉降速度。

$$F_g - F_d = 0 \tag{2-1}$$

式中　F_g——质量；

　　　F_d——颗粒物尺寸。

以上方程所述的关系表明颗粒物的沉降性能可以通过增加颗粒物的质量（增加重力）

---

① 译者注：这种比较逻辑上似乎有些牵强，如果将膜面积与二沉池投影表面积进行比较，这样折算的水力负荷和固体负荷应该不是一个概念。

并减少颗粒物的大小（减少阻力）来加以改善。然而，二沉池内混合液污泥并非如此直接沉降。混合液中的絮体并不是以分散颗粒的形式进行沉降，而是作为污泥层的一部分一起进行沉降。污泥层的沉降，通常称之为区域沉降或有阻碍沉降，其沉降速度要比分散颗粒的沉降速度要慢。但是不管怎么说，颗粒物的重力、阻力以及其终极速度之间的关系可以帮助理解提高污泥沉降性能以及二沉池处理能力的策略，并提供有益的指导。

以下内容将介绍提高混合液污泥沉降性能的一些技术，包括添加增重物、颗粒污泥的生物选择以及混合液脱气等，可以看到每一项技术是如何通过增加重力或减少阻力，来改善污泥的沉降性能的。

1. 混合液污泥增重

通过添加细小的增重物，使其嵌入混合液污泥絮体之中，可以显著地增加污泥的沉降性能，从而使得二沉池不再成为系统设计或运转的瓶颈。这一策略的基本原理在于增重物的密度要大于生物絮体的密度，而生物絮体的密度一般来说仅仅比水的密度大一点。微砂或细小的磁粉是满足这一条件的两类增重物，其相对密度分别为 2.65 和 5.2。对于一个给定大小的絮体，我们可以从以下的公式看到嵌入的增重物是如何通过提高絮体的密度来增加重力 F_g 的：

$$F_g = mg = \rho 4/3\pi R^3 \tag{2-2}$$

式中　ρ——絮体的密度；

R——假定絮体为球体时絮体的粒径。

然而，这一策略最大的挑战是如何从剩余污泥中回收增重物。由 Evoqua 水技术公司推广的生物磁化工艺（BioMag）则是通过利用磁粉的磁性，可以回收高达 95% 的增重物。据报道这一技术可以提高二沉池进水混合液污泥浓度（MLSS）2~3 倍。

2. 颗粒污泥的生物选择

众所周知，增设缺氧选择区，采用推流式反应器，以及采用水力学表层剩余污泥排放等方式都可以提高混合液污泥的沉降性能[6]。近年来，工艺的研发更加注重于对系统内微生物加以改造，从而使产生的混合液污泥更接近于污泥颗粒而不是絮体。对颗粒活性污泥的其中一类定义为"颗粒活性污泥来源于微生物，但在流体剪切力降低的条件下不会凝聚"，另外还需满足以下两个条件[7]：

（1）其沉降速率远远高于一般活性污泥，SVI_{10} 和 SVI_{30} 的区别近似于无；

（2）最小粒径为 $200\mu m$。

由上可见，颗粒活性污泥提高沉降性能的明显原因是其颗粒的大小。与粒径一般小于 $50\mu m$ 的活性污泥相比，最小粒径为 $200\mu m$ 的颗粒活性污泥在沉降过程中所受的阻力相对于其质量来说要小得多。

颗粒物在沉降过程中所受的阻力、混合液颗粒物的大小以及其终极速度之间的关系可由斯托克定律（Stoke's Law）来表述，见式（2-3）。尽管颗粒物在沉降过程中所受的阻力 F_d 与其粒径 R 成正比，但是如式（2-2）所示，其重力却按与其粒径的三次方（R^3）来增加。也就是说，大颗粒比小颗粒沉降要快得多。

$$F_d = 6\pi\eta Rv \tag{2-3}$$

式中　F_d——颗粒物（在沉降过程中）所受的摩擦力或阻力；

η——动态黏度；

R——假定颗粒物为球体时颗粒物的粒径；

v——颗粒物的沉降速度。

需要记住的是，二沉池的处理效果与负荷通常制约于其区域沉降速度以及底层污泥层的可压缩性。因此，颗粒活性污泥较絮体活性污泥所增加的沉降性能对二沉池的处理效果是有帮助的，但是可能不会直接增加二沉池的处理负荷。状态点分析（state-point analysis）可以将污泥的沉降性能与二沉池的处理负荷关联起来，是二沉池设计与运行的常用工具[6]。

如果我们能够接受颗粒活性污泥可以用来进行工艺强化，接下来的问题是如何生成颗粒活性污泥。荷兰德和威公司（Royal Haskoning DHV）已经首先倡导了拥有专利知识产权的 Nereda 好氧颗粒活性污泥工艺。Nereda 颗粒活性污泥工艺可能依靠以下多个因素的组合来获得颗粒活性污泥：

（1）污水从反应器底部序批式投加，在反应器底部形成较高的基质梯度，强化生物选择的效果；

（2）采用较高的剪切力；

（3）将沉降性能不佳的污泥有选择性地从系统中排出。

另外，进水污水的强度以及可挥发性脂肪酸的浓度在颗粒活性污泥的形成过程中也起到十分重要的作用。有可能并不是在所有的情况下活性污泥都可以形成颗粒。而且对于一个纯颗粒活性污泥反应器来说，其二沉池可能会失去絮体污泥层的清除作用，而絮体污泥层对于确保较低的出水总悬浮物是极其重要的。

3. 混合液脱气

混合液脱气与混合液污泥增重所采用的策略是一样的，即提高絮体的密度。二者的区别在于，混合液污泥增重采用在絮体中嵌入密度较高的颗粒，而混合液脱气则是去除絮体中密度较低的微气泡。

在混合液污泥絮体中可能形成微气泡，从而影响污泥在二沉池内的沉降性能。这些微气泡有可能由后置缺氧区的反硝化所产生的氮气而形成的。纯好氧工艺过程也有可能形成微气泡。当混合液从池体较深的好氧池流入池体较浅的二沉池时就会形成微气泡。这是由于压力释放而造成的过饱和现象所致。过量的二氧化碳和氮气以微气泡的形式释放，并与活性污泥絮体粘连在一起。

传统的预防微气泡的方法是在混合液流入二沉池之前采用空气吹脱。空气吹脱采用大气泡将絮体中的微气泡赶出。商标名为 Biogradex 的工艺则将混合液置于真空条件而去除微气泡，称之为"真空脱气"。据称，真空脱气可以提升系统处理负荷达 30％以上。比较巧合的是，节省 30％刚好是可以抵消采用新工艺风险的分界线。

2.1.3 生化池内污泥的固定

将载体生物膜加入活性污泥反应器内的历史很长，可以追溯到 20 世纪 30 年代。以上提到的强化策略集中在提高二沉池内污泥的沉降性能，或者是直接取代二沉池，而组合工艺则是将一部分污泥固定于生物膜内，这部分污泥将不会进入二沉池，其结果就是包括"泥膜"的双污泥系统：一部分污泥存在于生物膜内，而另一部分存在于混合液内。

将一部分污泥固定于生物膜内有可能在维持相同的二沉池固体负荷的条件下，将生化池内的总污泥量提高 2 倍，甚至 3 倍。为便于说明，以下案例将说明生物膜是如何成倍增加反应器内总污泥量的。

1. 等效污泥质量

如果假定生物池容积为 1000m³，其混合液污泥浓度（MLSS）为 3000g/m³，可以计算出混合液污泥总量 M_{MLSS} 为：

$$M_{MLSS} = MLSS \times V = 3000g/m^3 \times 1kg/1000g \times 1000m^3 = 3000kg$$

另外再假定载体比表面积（specific surface area，SSA）为 500m²/m³，且载体在生物池内的填充比 $F_{填充}$ 为 50%，我们可以计算出载体的总表面积 A 为：

$$A = SSA \times F_{填充} \times V = 500m^2/m^3 \times 50\% \times 1000m^3 = 250000m^2$$

如果再假定比较适中的生物膜覆盖量 $B_{固体}$ 为 10g/m²，可以得到生物膜污泥总量 $M_{生物膜}$ 为：

$$M_{生物膜} = A \times B_{固体} = 250000m^2 \times 10g/m^2 \times 1kg/1000g = 2500kg$$

从以上的计算可以看出组合工艺生化池内污泥总量（$M_{MLSS} + M_{生物膜}$ = 3000kg + 2500kg = 5500kg）大致为传统工艺的 2 倍。如果我们增加生物膜覆盖量 $B_{固体}$ 至 20g/m²，甚至是 30g/m²，不难看出生物膜对系统内污泥总量的贡献是可以进一步提升的。

2. 扩散限制

从提升系统内污泥总量的角度来看，"泥膜"组合工艺可以提供与膜生物反应器（MBR）相当的工艺强化效果。但是众所周知，生物膜处理效果受分子扩散的限制，因而不能达到与混合液污泥相同的处理效果。也就是说，1kg 生物膜并不能提供与 1kg 混合液污泥相同的处理效果。

3. 效益的量化

量化组合工艺内生物膜的效益可能是一项挑战，尤其是生物膜和混合液在系统内是相互影响与相互作用的。本书将要讨论的应对这一挑战的工具如下：

（1）采用实验室小试装置实现载体生物膜活性与混合液污泥活性的分离；

（2）采用生物技术定量生物膜内异氧菌与硝化菌的相对比例或量；

（3）原位测定氧气传递速率（OTR）；

（4）采用设计曲线建立生物膜与混合液硝化处理效果之间的关系；

（5）采用工艺模拟软件进行稳态及动态处理效果的模拟。

这些工具的每一个都能够从某一个独特的视角来理解组合工艺系统的处理效果。然而，将这些信息集成为一个连贯合理的描述，从而清楚且准确地传达强化工艺最重要的优势或好处并不是一件容易的事情。如何将重要的技术或信息传达给非技术类听众，包括非技术类决策者，也从来都是不容易的。本书的一个目的就是更好地帮助工程师们如何与用户沟通组合工艺最重要的技术优势。

2.2 组合工艺的类型

生物膜/活性污泥组合工艺（IFAS）已经成为组合工艺最为常用的名称。本书中生物膜/活性污泥组合工艺（IFAS）包括 3 类：（1）固定载体/活性污泥组合工艺；（2）移动床生物膜反应器（MBBR）/活性污泥组合工艺；（3）膜传氧生物膜反应器（MABR）/活性污泥组合工艺。这 3 类工艺包含了目前通常采用的最主要的组合工艺类型。

我们今天看到的生物膜/活性污泥组合工艺（IFAS）是过去数十载试验研究的结果，包括不同反应器的设计以及不同载体类型与结构等方面的研究。在 20 世纪 30 年代和 40 年代，石棉板被用于接触氧化工艺；在 70 年代，不同的木板用于传统活性污泥工艺；在 90 年代，采用不同的编织物介质及漂浮移动介质；在近 10 年间，采用"MABR"膜传氧介质。不同载体的演变直到现如今我们所见的生物膜/活性污泥组合工艺（IFAS）在很大程度上也是为了应对在应用中遇到的诸多挑战，例如对生物膜厚度的控制、水力学条件的影响，以及如何克服生物膜内的扩散阻力等。以下的几个章节将对上述 3 类生物膜/活性污泥组合工艺（IFAS）加以概述。

2.2.1 固定载体/活性污泥组合工艺

早期使用的固定载体包括石棉板、木板以及浸没式生物转盘，而如今更常用的固定载体包括用编织绳、纤维丝或网状介质构成的框架模块结构。拥有知识产权的编织绳类载体有 Ringlace 和 BioMatrix。网状结构的载体有 AccuWeb 和 BioWeb。这些载体的早期应用普遍受到生物膜厚度控制困难以及虫类过度生长的困扰。不幸的是，这些因素在某些情况下导致了这些技术从系统选择的过程中被剔除出去。

1. 生物膜厚度控制

提供足够的擦洗能量对生物膜厚度加以控制是决定固定载体/活性污泥组合工艺是否成功的关键。生物膜厚度过低会限制系统的处理效果，这是因为没有足够的生物量也就没有足够的工艺强化的效果。但是在实际应用过程中，这一情况很少会出现，而生物膜过厚是经常遇到的问题。这主要是因为过厚的生物膜会将载体单元粘接到一起，之后会显著减少载体单元的有效表面积，而对于受表面积扩散限制的工艺来说，其结果是处理效果将显著降低。众所周知，生物膜工艺的处理效果是受表面积扩散限制的。

生物膜厚度失控的最终结果是载体整体框架结构会变成一整块污泥，从而丧失所有的内表面积。如图 2-2 所示的织物绳，据固体载体供应商称，当生物膜较薄时其比表面积约为 $315m^2/m^3$，而且单独的载体单元不受其他载体单元的影响。这就意味着每一个载体单元都接触相同的液相氨氮与溶解氧浓度。

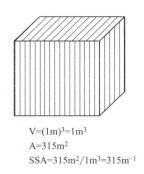 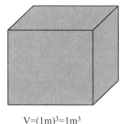

V=(1m)³=1m³   V=(1m)³=1m³
A=315m²   A=6*(1m)²=6m²
SSA=315m²/1m³=315m⁻¹   SSA=6m²/1m³=6m⁻¹

图 2-2 固定载体的比表面积比较（有或无充分生物膜厚度控制）

当内表面积由于生物膜过厚，即所谓的"污泥淤积"而丧失生物膜功能后，载体的有效表面积就只剩下载体框架的 6 个外表面，约为 $6m^2/m^3$。比表面积从 $315m^2/m^3$ 减少到 $6m^2/m^3$，系统的处理效果将降低到几乎为 0。更加糟糕的是，载体所占据的液相容积可能从低于10％增加到100％，不仅生物膜不能够增加系统的处理效果，而且由于载体所导致的液相容积的减少也会相应地降低混合液污泥的处理效果。

2. 生物膜污泥管理

除了丧失处理效果之外，生物膜厚度过高可能导致与生物膜污泥管理相关的较为严重的操作问题。当生物膜过厚时，载体框架可能在池体排空，生物膜失去浮力的情况下，不能够承担生物膜的重量。生物膜内部也有可能变成厌氧状况而产生臭气、臭味。这些问题解释了为什么固定载体/活性污泥组合工艺在许多升级工程中阻力重重。固定载体/活性污泥组合工艺的设备供应商多年来一直在改善其设计，例如通过提高生物膜擦洗等方法来减少诸如此类的问题。

3. 红虫

对红虫的控制也是固定载体/活性污泥组合工艺长期以来存在的一个问题。由于红虫是专性好氧类生物，红虫的过度生长看起来是由于进水负荷较低时溶解氧过高所致。另外，较高的生物膜厚度似乎也会促进其生长。

一定数量的红虫是可以接受的，甚至是有益的，这是因为红虫的存在会降低污泥的产率。但是，红虫的过度生长会转变成一个令人讨厌的问题。据报道，由于红虫过度吞噬生物膜，可能导致处理效果的降低。总的来说，导致红虫过度生长的条件并没有得到充分的理解，该课题也没有得到研究人员太多的关注。

控制红虫增长的策略主要是限制混合液的溶解氧浓度。此外，据称周期性地关停混合液曝气并持续几个小时也是有效的措施。

4. MABR（膜传氧生物膜反应器）

膜传氧生物膜反应器（MABR，Membrane Aerated Biofilm Reactor）是近年来才商业化的一类固定载体/活性污泥组合工艺，该工艺由载体内部空腔提供曝气。以上所述的顾虑，包括生物膜厚度的控制、生物膜污泥的管理以及红虫的控制等，也有可能在膜传氧生物膜反应器内产生。但是，膜传氧生物膜反应器所具有的一些独特特点将其与传统的固定载体/活性污泥组合工艺区分开来。这些特征将在2.2.3节中加以介绍。

2.2.2 移动床生物膜反应器（MBBR）/活性污泥组合工艺

移动床生物膜反应器（即MBBR），采用塑料生物膜载体，早期设计为"穿流式"工艺，也就是说该工艺没有二沉池进行污泥回流。MBBR工艺有时也称作为"纯生物膜"工艺，由于没有混合液污泥，所有的处理事实上都发生在生物膜内。MBBR载体也可应用于组合工艺，组合工艺的处理由生物膜与混合液污泥共同进行。典型的应用包括采用生物膜提供额外的处理能力，对已有活性污泥工艺进行升级改造。在本书中，我们将采用"MBBR/活性污泥"工艺来统称所有类型的移动床生物膜反应器/活性污泥组合工艺。与固定载体/活性污泥组合工艺相比而言，MBBR/活性污泥工艺由于载体的可移动性，其生物膜所受的剪切力更大，这使得生物膜厚度的控制变得相对容易一些。

MBBR工艺以及MBBR/活性污泥工艺的先驱是挪威Kaldnes Miljoteknolog公司，该公司采用名为"Kaldnes"的轮盘状塑料载体，载体厚度大约10mm。目前，众多的载体供应商可以提供一系列不同形状及大小的载体。例如，图2-3所示的是苏伊士公司的Meteor载体。市场对MBBR载体及设备的激烈竞争也反映出该工艺是十分成功的。

图 2-3　Meteor 载体（苏伊士公司提供）

　　作为一项强化活性污泥法的标准工艺，MBBR/活性污泥组合工艺在全世界范围内的市政及工业污水处理领域都得到了应用。然而在诸多情况下，其载体的可移动性反而阻碍了该工艺应用。该工艺需要在生化池内设置拦截网来截流载体。载体拦截网的设置有可能使之成为系统水力高程梯度限制的瓶颈，从而发生（在水力负荷高峰时）生化池的溢流问题。尽管生化池的溢流事故并不常见，且可以采用设置溢流堰或溢流渠来加以解决，但是在一些地区出现的载体流失到受纳水体的事故对该技术也产生了一些负面的影响。

　　与 MBBR/活性污泥组合工艺的设计与运行相关的物理结构及设施方面的要求包括以下几点：

1. 载体拦截网

　　载体拦截网必须设置于生化池末端以及任何可能发生溢流的位置。如图 2-4 所示，载体拦截网可以采用圆柱体型的过滤设备，该设备还可以延伸至生化池内来增加其表面积，其典型的峰值流量水力负荷设计值为 50～60m/h。

图 2-4　安装了 Meteor 载体、拦截网和溢流堰的生化池（苏伊士公司提供）

载体拦截网的过滤孔径应小于载体的大小，同时必须要允许垃圾及其他碎屑残留物通过。载体拦截网通常采用穿孔或楔形网状结构。

2. 泡沫的去除

如果出水排放口在水面以下，产泡沫细菌可能生长并滞留于活性污泥生化池内。过多的泡沫是一件令操作人员讨厌的事情，有可能需要安装水龙头喷洒含氯的溶液来加以控制。优良的传统活性污泥工艺的设计惯例可能会采用生化池出水溢流的设计来防止泡沫在池内的滞留。但是这一设计惯例却与采用 MBBR/活性污泥工艺的升级改造不相匹配。这是因为 MBBR/活性污泥工艺的载体截流网设置于水面以下，泡沫的聚集在 MBBR/活性污泥工艺系统中是一个普遍的问题。MBBR 池内更高的空气流量也进一步加剧了泡沫的产生。

3. 混合与擦洗

MBBR 工艺必须提供充分的混合搅拌来使得自由悬浮的载体在反应池内实现均匀分布，而不是在池体末端堆积。在某些情况下，有可能需要采用气提的方式将载体从反应池的末端提升至反应池的前端，从而保证载体的均匀分布。另外，经常采用的另一设计惯例是在载体拦截网的底部安装气刀来防止载体及垃圾堵塞拦截网的网孔。网孔的堵塞可能会导致生化池的溢流事故。

MBBR 工艺的大气泡曝气设备通常会通过对其在池内的合理布置，从而实现在运行时池内水体处于翻滚模式。大气泡曝气的优势在于大的气泡可以提供更强的混合与擦洗。而后者对生物膜厚度的控制是极为关键的。另外，在池体排空进行检修时，不锈钢材质的大气泡曝气系统可以承受载体的重量。而采用微孔曝气系统，在进行池体排空检修时，池内载体必须提前清除。

4. 曝气设备

尽管使用的是不锈钢大孔曝气器，MBBR 反应池内的曝气通常被称为"中孔气泡"曝气。其原因在于 MBBR 曝气系统的氧气传递效率（OTE）比传统的大孔曝气要好得多。这得益于气泡在 MBBR 载体内的滞留，提高了气泡在生化池内的停留时间，因而提高了其氧气传递效率。MBBR 曝气系统的氧气传递效率（OTE）与传统活性污泥工艺相比还是偏低的，这是因为 MBBR 工艺操作运行时的溶解氧较高，一般在 $3\sim4mg\ O_2/L$ 之间。

5. 进水过滤要求

MBBR/活性污泥工艺进水过滤一般采用 6mm 或更小的格栅过滤即可。MBBR 设备供应商之所以采用 6mm 格栅过滤，主要的原因是 6mm 格栅过滤为传统活性污泥工艺的标准设计。然而，采用更细的过滤可以大大减少 MBBR/活性污泥工艺操作过程中出现的问题。这对于一般的污水处理厂的设备来说都是如此，例如泵、分析用传感器以及生物固体处置设施等。

6. 载体的选择

MBBR 载体一般要求具有较高的比表面积。就这一点而言，较小的载体是具有优势的。我们可以用以下公式来比较半径为 1mm 与 10mm 的球状载体的比表面积：$\dfrac{4\pi R^2}{4/3\pi R^3}$，其中 R 是球状载体的半径。MBBR 载体还需要大于载体拦截网的孔径大小。要知道，载体拦截网的孔径要允许 6mm 甚至更大的垃圾颗粒通过。混合液内的垃圾颗粒的大小大于进水格栅的孔径大小也是很常见的。这可能是由于进水格栅截流能力较低，或者是出现了进水旁流至后续工段，或者是大的垃圾被风吹入生化池以及二沉池内，还有可能是小的垃圾颗粒缠结成为大的垃圾颗粒。

在实际应用中，MBBR/活性污泥载体的直径约为 20～30mm，其比表面积约为 500～800m^2/m^3。对于塑料载体的选择还需要考虑的一点是载体是否已添加抗紫外降解的添加剂。没有抗紫外降解添加剂的载体更易于破碎，从而导致载体碎片通过污水处理出水排放至受纳水体。

7. MBBR 硝化速率

MBBR/活性污泥工艺的设计通常采用载体比表面硝化速率约为 0.5g N/m^2/d 来进行，并且只针对 BOD 负荷较低的污水。对纯 MBBR 工艺来说，MBBR 工艺既可用作三级深度处理，也可用于两级 MBBR 工艺，即其中第一级处理用于 BOD 的去除，第二级处理用于硝化。对 MBBR/活性污泥组合工艺来说，将载体置于系统的最前端可能并不能够强化硝化反应的效果，通常应予以避免。

Hem 等人[11] 在进水中没有 BOD，且混合液溶解氧在 10mg O$_2$/L 左右的条件下实现了高达 2.5g N/m^2/d 的硝化速率，但是这样的运行条件在实际应用中是极难实现的。即使在污水三级处理的条件下，当进水 BOD 负荷接近于 0、混合液溶解氧在 5mg O$_2$/L 左右时，Hem 等人[11] 也只实现了 0.7～1.0g N/(m^2·d) 的硝化速率。类似的案例包括，Houweling 等人[15] 报道处理城市污水氧化塘出水的二级 MBBR 工艺，混合液溶解氧在 8mg O$_2$/L 左右的条件下的硝化速率为 0.1～0.8g N/(m^2·d)。因此，尽管 MBBR/活性污泥工艺有可能实现更高的硝化速率，但是其设计一般都只基于 0.5g N/(m^2·d) 的载体比表面硝化速率[9]。

8. 氧气受限的硝化反应

正如 Odegaard[36] 所述："只要氨氮浓度 >1～2mg N/L……硝化反应速率将不受氨氮浓度的限制，而受溶解氧浓度的限制"。根据 Hem 等人[11] 的研究，氨氮限制与溶解氧限制之间的过渡因液相中溶解氧浓度的变化而变化，二者之间过渡的阈值比例为 3mg O$_2$/mg NH$_4^+$-N。例如，当氨氮浓度为 0～2mg NH$_4^+$-N/L 时，要实现氨氮限制，溶解氧需要保持在 6mg O$_2$/L 左右。这一溶解氧浓度已经是实际应用中可合理实现的上限值。对于组合工艺来说，比较典型的溶解氧浓度为 3～4mg O$_2$/L。需要注意的是，这一阈值是由纯 MBBR 工艺推导而来的，既没有混合液污泥，也没有进水 BOD 负荷。但是，实际经验表明这一点对其他 MBBR/活性污泥组合工艺也是一样的，即 MBBR 生物膜硝化速率受氧气限制，在液相氨氮浓度不低于 1～2mg N/L 时，其生物膜硝化速率不受液相氨氮浓度的影响。

生物膜硝化速率是受氨氮的限制，或者是受氧气的限制，抑或是受生物膜总量的限制，对于组合工艺的设计具有重要意义，因为这将决定组合工艺系统处理峰值负荷的能力。氨氮限制的硝化更为可取，这是因为系统的硝化速率将随着峰值负荷的出现而增加，也就是当液相中氨氮的浓度增加时，系统的硝化反应速率也在相应提高。对于 MBBR 生物膜而言，当液相氨氮浓度在 0～1mg N/L 或 0～2mg N/L 时，其硝化速率将受氨氮浓度的限制，这一氨氮浓度范围要高于混合液絮体出现氨氮限制硝化的氨氮浓度范围。混合液絮体出现氨氮限制硝化的氨氮浓度范围大约在 0～0.5mg N/L 之间。有关这一点对于工艺设计带来的好处将在 2.6 节"生物膜内氨氮限制与氧气限制的影响"以及第 6 章中加以详细讨论。

2.2.3 膜传氧生物膜反应器（MABR)/活性污泥组合工艺

早在 20 世纪 60 年代～70 年代，就有人意识到将氧气传递膜与生物膜相结合的可能性。这一研究课题在 1980 年～2010 年期间一直都是学术以及工业应用研究人员的研究重点。然而直到最近的 5 年间在市场上才出现该技术的工业化产品，其通用名称为 MABR (Membrane Aerated Biofilm Reactor)，即"膜传氧生物膜反应器"。采用中空纤维膜或卷式膜，已经工业化的 MABR 产品包括由苏伊士水务技术与方案（SUEZ WTS）推出的"ZeeLung"膜，氧膜（OxyMem）公司推出的"OxyFas"膜，以及由富朗世（Fluence）公司推出的"Aspiral"膜。

1. MABR 与 MBBR 的比较

MABR 与 MBBR 生物膜示意图如图 2-5 所示，该图反映出的这两类技术的主要区别如下：

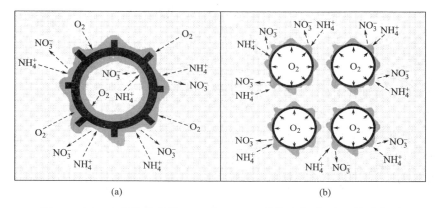

图 2-5　MBBR 载体生物膜（a）和 MABR 载体生物膜（b）的示意图

（1）在 MBBR 生物膜内［图 2-5（a）］，氨氮与溶解氧从液相中同向扩散进入生物膜。在 MABR 生物膜内［图 2-5（b）］，氧气从载体空腔内与氨氮异向扩散进入生物膜。

（2）由于氧气从载体直接扩散进入生物膜，MABR 生物膜［图 2-5（b）］对液相中溶解氧没有要求，但是液相中的好氧状况并不与 MABR 的运行相冲突。

（3）当液相中没有溶解氧时，MABR 生物膜［图 2-5（b）］所产生的硝酸盐氮可能在液相混合液中实现反硝化。

（4）MABR 载体［图 2-5（b）］的直径（1mm 左右）一般小于 MBBR 载体的直径（20mm 左右）。这只针对中空纤维类 MABR 载体来说是这样的，而对于卷式 MABR 载体来说就不正确了。

（5）为了最小化氧气扩散进入生物膜的阻力，MABR 载体［图 2-5（b）］壁厚很小，一般在 0.1mm 数量级左右。

（6）MBBR 生物膜内［图 2-5（a）］的氧气的可利用度与液相中溶解氧浓度以及生物膜内微生物的呼吸速率成正比。MBBR/活性污泥组合工艺的液相溶解氧浓度一般在 3～4mg O_2/L 之间。

（7）MABR 生物膜内［图 2-5（b）］氧气的可利用度与载体空腔内的氧气分压以及生物膜内微生物的呼吸速率成正比。典型的氧气分压一般为 20～30kPa，但可以通过增加载体空腔内空气的压力，或者是供给富氧的空气来加以提高。

通过调节空气压力来调节 MABR 生物膜内氧气的可利用度是该技术的一大特色。与 MBBR 生物膜技术相比，MABR 生物膜技术可以更有效、更节能的方式来避免氧气限制条件的出现，而 MBBR 生物膜技术则必须通过调节液相中溶解氧浓度来实现同样的目的。

2. MABR 生物膜的独特属性

如图 2-5（b）所示的 MABR 生物膜内的异向扩散属性一直都受到大量的研究，这些研究集中于异向扩散对异养菌与硝化菌在生物膜内的分层的影响，以及 BOD 负荷对硝化速率的影响[3,20,8]。Downing 与 Nerenberg（2008 年）发现，MABR 生物膜的硝化速率比传统同向扩散的生物膜受 BOD 负荷的影响要小。他们的解释是，硝化菌生长在 MABR 生物膜内部的好氧部分，且该处的 BOD 浓度很低，而异养菌生长在生物膜的外部，可以利用硝化菌产生的硝酸盐以及亚硝酸盐进行生长，比如说进行反硝化。因此，异向扩散生物膜由于在硝化菌聚集点直接提供氧气而强化硝化反应速率。另外一个重要的影响因素是氨氮在生物膜内的扩散系数，由于分子量较小，氨氮的扩散系数比构成 BOD 成分的化合物分子的扩散系数要高[30]。因此，BOD 分子不仅在生物膜外部通过反硝化得以去除，而且 BOD 分子在生物膜内的扩散速率比氨氮要慢得多。

采用 MABR 工艺进行的 IFAS 升级改造可能具备以下优势：

（1）MABR 工艺氧气传递效率（OTE）很高，OTE 最高可达 100%。因此，MABR 工艺可以降低组合工艺的能耗以及碳足迹。

（2）通过扩散进入 MABR 生物膜的氧气的传输速率较传统工艺要高好几倍，可以大大提高生物膜的硝化反应速率。

（3）MABR 生物膜内的异向扩散可以降低 BOD 对生物膜硝化的抑制。

（4）MABR 工艺可以在非好氧区内进行，从而使得生物膜内处于好氧状况，而混合液处于缺氧或厌氧状况。

3. MABR 生物膜硝化速率（NR）和氧气传递速率（OTR）

表 2-1 列出了 MABR/活性污泥组合工艺的主要处理效果方面的指标，这些指标来源于 5 个示范工程的实际数据。由表 2-1 可见，MABR/活性污泥组合工艺的生物膜硝化速率可以按 1.5～2.4g N/（m² · d）设计。需要指出的是，在这些示范工程中，液相氨氮的浓度主要集中在 10～20mg N/L 之间。如果液相氨氮浓度降至 0～10mg N/L 之间，MABR 生物膜硝化速率可能会降低。

MABR/活性污泥组合工艺的氧气传递速率、硝化速率和氧气传递效率[16]　　表 2-1

百分位数	硝化速率 ［g N/（m² · d）］	氧气传递效率 （%）	氧气传递速率 ［g O₂/（m² · d）］
第 25 百分位	1～2	25～34	6.8～10
第 50 百分位	1.5～2.4	28～37	7.5～11.3
第 75 百分位	1.7～2.8	30～40	8.7～12

表 2-1 所提供的生物膜硝化速率与在 2.2.2 节中给出的 MBBR 生物膜硝化速率形成了巨大的反差，MBBR 生物膜硝化速率仅为 $0.5 \sim 1g \ N/(m^2 \cdot d)$。更高的 MBBR 生物膜硝化速率是可能的，但是要求对 MBBR 生物膜内氧气受到限制的情况加以改善。在进水中没有 BOD 且混合液溶解氧很高（$10mg \ O_2/L$ 左右）的条件下，Hem 等人[11] 实现了高达 $2.5g \ N/(m^2 \cdot d)$ 的硝化速率。但是这样的条件在 MBBR 组合工艺中是不可行的，这是因为实现混合液溶解氧浓度高于 $3 \sim 4mg \ O_2/L$ 将受到成本方面的限制，其能耗太高，对曝气系统的总量的要求也太高。MABR 工艺可以通过调节其载体空腔内的空气压力来避免生物膜内氧气受限的条件，这一操作更高效而且节能。这就解释了为什么 MABR 工艺具有更高的硝化反应速率。

4. 缺氧区内的 MABR 工艺

将 MABR 载体安装于缺氧区可以强化缺氧区的硝化与反硝化能力。与传统生物营养物去除（BNR）工艺相比，安装于缺氧区的 MABR 载体可以在生物膜内实现硝化，在混合液中进行反硝化，而传统 BNR 工艺的缺氧区只负责反硝化。同步硝化与反硝化（SND）可以在已有反应池内实现最高的对总氮的去除，因而受到高度重视。

许多传统的生物营养物去除（BNR）的污水处理厂也通过改变曝气等策略来实现同步硝化与反硝化。比较典型的策略包括控制溶解氧在 $0.5 \sim 1mg \ O_2/L$ 之间，从而促进活性污泥絮体内的同步硝化与反硝化[18]，但是硝化与反硝化这两个反应都不是处于最佳反应条件。另外，混合液既不处于完全缺氧的状况，也不处于完全好氧的状况，这将导致丝状菌的过度生长，从而引发污泥膨胀。污泥膨胀，或者即使只是具有污泥膨胀的风险，意味着在二沉池的操作过程中需要考虑污泥沉降性能较差的问题。这导致采用传统曝气实现同步硝化与反硝化的最终结果就是二沉池的处理能力将会因此而降低。

同步硝化反硝化（SND）是一种获得总氮去除的重要运行操作策略。这些策略已经经过多年的发展，以避免诸如污泥膨胀的问题。MABR 提供了一种新的获得同步硝化反硝化效益的策略，且没有污泥膨胀的麻烦问题。

5. MABR 工艺操作方面的问题

由于 MABR 载体固定于框架结构之内，因而与传统固定载体/活性污泥组合工艺具有很多相同的设计以及很多相同的操作方面的问题。最主要的问题就是如何控制生物膜的厚度以及如何避免红虫的过度生长。由于 MABR 载体可以安装于非曝气区，并且红虫为专性好氧性生物，这就大大降低了 MABR 生物膜内红虫过度生长的风险。

至于生物膜厚度的控制，从传统固定载体/活性污泥组合工艺所获得的经验与教训在 MABR/活性污泥组合工艺中也可得到应用。其中得到特别认可的一点，是利用整合到 MABR 产品中的曝气系统来提供足够的擦洗能量。事实上，MABR 产品供应商所提到的诸多产品特点都与其曝气系统有关，MABR 曝气系统一般都与 MABR 膜箱或膜组件整合在一起，并着力于提供有效的生物膜擦洗或控制。

2.3 IFAS 工艺的工艺布局

固定载体、MBBR 以及 MABR 载体都可以用于各种类型的活性污泥工艺的升级改造，这包括各类复杂的多级非曝气区生物营养物去除（BNR）工艺构型。载体装填的位置取决于需要生物膜强化的工艺过程，包括 BOD 的去除、硝化及反硝化等。最常见的生物膜强化工艺过程为硝化工艺。

2.3.1　BOD 的去除

当载体位于生化池上游区域时，生物膜可以有效去除溶解性 BOD 以及一部分颗粒性 BOD。采用生物膜去除 BOD 的价值并不高，这是因为活性污泥工艺即使在泥龄低至 2～3 天时也可以很好地去除 BOD。泥龄进一步降低会降低混合液污泥的絮凝性质，并使得对 BOD 与 TSS 的去除效果变差。组合工艺并不能被期望用于缓解混合液絮凝特性问题。

2.3.2　硝化

要实现一个硝化的生物膜，生物膜载体需要放置在氨氮浓度较高而溶解性 BOD 负荷较低的区域，从而避免异养菌在与硝化菌竞争溶解氧的过程中占绝对优势。生化池的下游区域氨氮浓度一般较低，不适合生长健康的硝化生物膜，因而不是载体装填的理想区域。生化池的上游区域也很难生长硝化生物膜。不难看出，最佳的载体装填区域在生化池的中间部位，满足 BOD 负荷不是太高、氨氮浓度不是太低的条件。图 2-6 显示了 MBBR/活性污泥组合工艺中的最佳载体装填区域。

图 2-6　MBBR/活性污泥组合工艺生化池中适合硝化生物膜的位区图解

由于 MABR 生物膜的硝化反应比 MBBR 生物膜的硝化反应受 BOD 负荷的影响较小，因而有可能将 MABR 载体安装于更靠近生化池上游的区域。图 2-7 表明了这一点，在 MABR/活性污泥组合工艺中，BOD 负荷被认为"太高"的区域要小于图 2-6 中 MBBR/活性污泥组合工艺中 BOD 负荷被认为"太高"的区域。

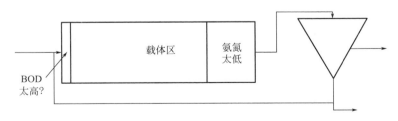

图 2-7　MABR/活性污泥组合工艺生化池中适合硝化生物膜的位区图解

需要注意的是，MABR/活性污泥组合工艺在污水处理厂工程规模的应用中才刚刚起步。许多条件都有可能影响 BOD 负荷对生物膜硝化的影响，例如载体空腔内的氧气分压、混合液中溶解氧与硝酸盐的浓度、生物膜的厚度、进水的水质特征等。可以预测，在未来的几年内，我们将更多地了解 BOD 负荷是如何影响 MABR 生物膜硝化效果的。

2.3.3 反硝化

前置或后置缺氧区的反硝化都有可能受生物总量的限制，因此采用非曝气生物膜来增加系统中的生物总量可以强化系统的反硝化能力。反硝化生物膜通常用于后置缺氧区通过投加外加碳源的形式来进行反硝化。

2.3.4 强化生物除磷

强化生物除磷工艺采用将异养型生物交替置于厌氧与好氧条件的方式来促进系统中聚磷菌（PAOs）的生长。载体生物膜本身不能够满足这些条件，但是载体生物膜可以通过强化硝化与反硝化来进一步改善强化生物除磷工艺。

2.4 IFAS 工艺的工艺设计

典型的 IFAS 工艺的应用往往采用向传统活性污泥工艺中投加载体来强化硝化，而原有的传统活性污泥系统可能由于泥龄不足而硝化效果不佳。比较典型的情况如下：

（1）新的出水限制要求去除氨氮，而现有活性污泥系统的设计只考虑了 BOD 与 TSS 的去除。

（2）新的出水限制要求去除总氮（TN），这一出水要求需要将现有生化池的一部分改造为缺氧池来进行反硝化。好氧池容积的减少有可能导致好氧泥龄不足，影响系统硝化的稳定性。

（3）新的出水限制要求去除总磷（TP），而且希望采用强化生物除磷工艺。这一出水要求需要将现有生化池的一部分改造为厌氧池来进行强化生物除磷。好氧池容积的减少有可能导致好氧泥龄不足，影响系统硝化的稳定性。

（4）污水处理厂污水流量与负荷的增加导致系统污泥总量的增加，使得现有系统不可能保持原有的设计泥龄，而降低泥龄会影响系统硝化的稳定性。

当然，以上的问题都可以通过新建生化池与二沉池来解决。但是，由于经济方面或可用地的限制等原因，新建生化池与二沉池在很多情况下都是不可行的，或者说不切实际的。

与活性污泥工艺类似，组合工艺的设计方法也很多。美国水环境联合会（Water Environment Federation）实践手册第 35 卷"生物膜反应器"（MOP 35）中介绍的方法大致基于以下几点：（1）经验公式；（2）中试研究；（3）生物膜反应速率模型；（4）采用模拟软件[9]。下面将逐一介绍这些设计方法。

2.4.1 经验公式

1. 等效泥龄法

等效泥龄法是比较直观的方法，该方法在计算系统泥龄时将生物膜的生物总量计入系统的活性污泥总量，计算公式见式（2-4）：

$$SRT_{等效} = \frac{M_{MLSS} + M_{生物膜}}{Q_{WAS} TSS_{WAS}} \tag{2-4}$$

式中　$SRT_{等效}$——等效泥龄，d；

　　　M_{MLSS}——混合液污泥总量，kg；

　　　$M_{生物膜}$——生物膜污泥总量，kg；

　　　Q_{WAS}——剩余污泥排放量，m^3/d；

　　　TSS_{WAS}——剩余污泥总悬浮物浓度，kg/m^3。

一些海绵载体的供应商采用该计算方法，但是并不建议将该计算方法用于固定载体/活性污泥组合工艺或 MBBR/活性污泥组合工艺。等效泥龄的概念适用于海绵载体系统，是因为该系统会定期地采用机械压力将其海绵载体内的生物污泥挤压出来，与混合液污泥进行混合。载体内生物与混合液污泥之间的高频率交换可以说明在计算泥龄时将此两类污泥等同起来是合理的。

2. 载体总量法

另一经验方法采用载体的总量来进行，该方法通过以往经验获得每单位载体的处理能力 "X"，单位为 "kg/d"。这一方法可以回答一些最基本的问题，如多少载体可以解决系统的硝化问题呢？但是这一方法一般也只用于早期的工艺估算。

2.4.2　中试研究

中试研究经常采用中试规模的装置来模拟项目建议书中提出的工程规模的工艺方案。中试研究的好处有以下几个方面：

（1）污水处理厂员工通过中试研究熟悉所选工艺。

（2）验证工艺设计，工程规模的处理性能目标也可以由中试结果来判定。

（3）中试数据可用于工艺模型的校正。经过校正后的工艺模型可用作工程规模污水处理厂的设计基础。

（4）中试过程中可能会发现一些问题，通过解决这些问题所获得的经验教训可以在工程规模的污水处理厂的设计与运行中加以应用。

需要注意的是，由于受到尺寸的限制，如水深或池体的几何形状的限制，中试装置有可能无法完全模拟工程规模的污水处理厂。另外中试的处理效果经常比工程规模的污水处理厂的处理效果要差，其原因为：（1）中试研究的操作人员较少，对系统的关注也较少；（2）中试装置中的一些设备也经常不是根据所需中试条件而进行的合理选择；（3）中试规模的二沉池存在许多操作方面的困难。因此，应谨慎解释中试结果，在很多情况下还应结合工艺模拟来进行。

2.4.3　生物膜反应速率模型

MOP 35 提供了一系列经验方法，将组合工艺中混合液设计泥龄的可降低范围与生物膜去除氨氮及 COD 所占的比例关联起来。这一方法基于对工程规模的污水处理厂、中试研究以及校正的工艺模型等的分析，概述如下[9]：

（1）根据温度与有机负荷决定生物膜的硝化反应速率。

（2）基于混合液污泥泥龄与温度，并以出水氨氮要求为 1mg N/L 为准，选择生物膜去除进水氨氮的百分比 $F_{Nit,B}$。混合液污泥泥龄越低,生物膜去除进水氨氮的百分比 $F_{Nit,B}$ 就越高。

(3) 按步骤 1 中的生物膜硝化速率最大值的 25%、50% 以及 70% 来计算好氧区第一、第二以及第三区段的硝化反应速率。

(4) 根据步骤 2 及 3 中的数据计算所需载体的总量。

注意步骤 3 中建议在生化池上游区段采用很低的硝化速率,这是由于该区段 BOD 负荷较高,对生物膜内硝化菌可利用的氧气产生了负面影响所致。

步骤 2 中生物膜需要去除的氨氮的比例决定如下:泥龄为 $2d$ 时,生物膜去除进水氨氮的百分比 $F_{Nit,B}$ 为 80%;泥龄为 $4d$ 时,生物膜去除进水氨氮的百分比 $F_{Nit,B}$ 为 50%;泥龄为 $8d$ 时,生物膜去除进水氨氮的百分比 $F_{Nit,B}$ 为 20%。这些设计数值适用于处理温度为 15℃时的情况。如果需要根据温度的变化而加以调整,可以参照 MOP 35 提供的指导来进行,但是正如大家所料,这些设计值并没有根据出水氨氮目标的不同而调整。在第 4 章中,我们将提供详细的设计公式来表述在任何温度及出水目标氨氮条件下泥龄与 $F_{Nit,B}$ 等之间的关系。

2.4.4 生物膜与混合液的物料平衡法

MOP 35 以及 Metcalf 和 Eddy 均提出了基于 Sen 和 Randall 等人研究成果的半经验 IFAS 工艺设计方法[9,1,29]。该方法的基础就是进行两个独立的物料平衡:其中之一是用来计算生物膜内的硝化菌总量,另一个是用来计算混合液内的硝化菌总量。

生物膜内的物料平衡如下:

$$\frac{d}{dt} 硝化菌_{BF} = 0 = 生长_{BF} - 衰减_{BF} - 脱落 \tag{2-5}$$

式中 $\frac{d}{dt}$硝化菌$_{BF}$——生物膜硝化菌的变化速率;

        生长$_{BF}$——生物膜硝化菌的生长速率;

        衰减$_{BF}$——生物膜硝化菌的衰减速率;

        脱落——生物膜硝化菌的脱落速率。

混合液内硝化菌的质量平衡如下:

$$\frac{d}{dt} 硝化菌_{MLSS} = 0 = 生长_{MLSS} - 衰减_{MLSS} + 脱落 - 剩余污泥排放$$

式中 $\frac{d}{dt}$硝化菌$_{MLSS}$——混合液硝化菌的变化速率;

        生长$_{MLSS}$——混合液硝化菌的生长速率;

        衰减$_{MLSS}$——混合液硝化菌的衰减速率;

        脱落——生物膜硝化菌的脱落速率;

    剩余污泥排放——混合液硝化菌剩余污泥排放速率。

生物膜硝化菌的脱落速率,取决于生物膜内硝化菌的总量 M_{BF},并采用生物膜泥龄 SRT_{BF},的定义见式(2-6):

$$脱落速率 = \frac{M_{BF}}{SRT_{BF}} \tag{2-6}$$

生物膜硝化菌的生长速率（生长$_{BF}$），与进入生物膜内的氨氮通量 J_N，成正比。进入生物膜内的氨氮通量 J_N，与液相中氨氮的浓度 N、代表氨氮在生物膜内的扩散阻力的半饱和系数 $k_{n,BF}$，以及生物膜可实现的最大氨氮通量 $J_{N,max}$ 有关，它们之间的关系见式（2-7）：

$$生长_{BF} \propto J_N = \frac{N}{k_{n,BF}+N}J_{N,max} \tag{2-7}$$

混合液内硝化菌的生长速率（生长$_{MLSS}$），与硝化菌最大生长速率 $\hat{\mu}$、液相中氨氮的浓度 N 以及代表氨氮在混合液絮体内的扩散阻力的半饱和系数 K_n 有关，它们之间的关系见式（2-8）：

$$生长_{MLSS} = \hat{\mu}\frac{N}{K_n+N} \tag{2-8}$$

液相中氨氮的浓度 N 是生物膜与混合液物料平衡中共有的一个变量。采用一个求解软件，例如在 Excel 中就有，其可以迭代解出氨氮的浓度。对于完全混合反应器来说，液相中氨氮的浓度与系统出水氨氮的浓度是相等的。

表 2-2[1] 列出了 Sen 和 Randall 等人的设计方法所选择的参数，这些参数在 Metcalf 和 Eddy 一书中得到了应用。这些参数的数值为 IFAS 工艺中有关生物膜行为的假设提供了许多有价值的见解。

基于 Sen 和 Randall 的用于生物膜和混合液物料平衡设计方法的参数　　表 2-2

参数	数值	单位	注释
$J_{N,max}$	1.4	g N/(m² · d)	氨氮为非速率限制因素、DO=6mg O₂/L 时的最大硝化速率潜力
$J_{N,max}$	1	g N/(m² · d)	氨氮为非速率限制因素、DO=4mg O₂/L 时的最大硝化速率潜力
$J_{N,max}$	0.9	g N/(m² · d)	氨氮为非速率限制因素、DO=3mg O₂/L 时的最大硝化速率潜力
SRT_{BF}	6	d	硝化菌在脱附或脱落到液相混合液之前的生物膜内的停留时间
$k_{n,BF}$	2.2	mg N/L	生物膜最大硝化速率潜力 $J_{N,max}$ 降低 1/2 时的混合液氨氮浓度

Sen 和 Randall 等人的设计方法为 IFAS 工艺的设计提供了一项重要的设计工具。由于该方法需要采用迭代法求解氨氮浓度，因而适合采用电子表格类软件来进行工艺计算。

2.4.5　假定生物膜硝化速率的质量平衡法

组合工艺的设计还有可能采用氨氮与硝化菌物料平衡方程的解析解来进行。氨氮与硝化菌物料平衡方程的解析解与第 1 章中式（1-1）与式（1-2）关于传统活性污泥工艺设计的公式相类似。但是，这些方程需要考虑生物膜对氨氮的去除以及从生物膜到混合液的脱落速率。将这些因素囊括到一起的简单的方程可成为工程师们重要的设计工具，用来制定设计曲线和确定参数的敏感度。

在第 4 章中，我们将推导混合液硝化菌物料平衡的解析解，这需要假定而不是通过计算来获得生物膜去除氨氮的比例 $F_{Nit,B}$，这与 Sen 和 Randall 等人的设计方法是一样的。基于上述方法的设计公式以及设计曲线将在第 4 章中加以阐述。

2.4.6　工艺模拟

大部分商业化工艺模拟软件都可以对 IFAS 工艺进行模拟。这些模型也都基本类似于 Sen 和 Randall 等人的概念框架。然而，这些模型在有关生物膜硝化速率以及生物膜脱落速率等方面存在明显的差异。

工艺模型中生物膜硝化速率由生物膜内硝化菌浓度、溶解氧以及液相中氨氮浓度而定。当液相中可溶性 BOD 较高时，生物膜内硝化菌有可能被异养型生物排挤出局。而 Sen 和 Randall 等人的设计方法只是简单的依据液相中氨氮的浓度，以及假定的最大生物膜硝化速率来计算生物膜硝化速率。

生物膜脱落速率一般都采用多层生物膜的表面脱落速率，在多层生物膜模型中，硝化菌一般都在生物膜的里层。生物膜泥龄依具体情况而各不相同，例如，硝化菌与异养菌在生物膜内的停留时间就不一样。而 Sen 和 Randall 等人的设计方法也只是简单地假定一个单一的生物膜泥龄。

组合工艺的软件模拟将在第 5 章与第 6 章中加以详细讨论。

2.5　有争议的几个问题

载体生物膜在活性污泥工艺中的应用从 20 世纪 30 年代使用石棉板载体开始就一直不停地在演进。这些演进反映了组合工艺中挑战与机会并存。时至今日，MBBR/活性污泥组合工艺成为最为盛行的组合工艺，这是因为该工艺解决了以往工艺中最大的一个缺陷：即生物膜厚度的控制问题。

MABR 工艺的出现可以看成是用来解决 MBBR 工艺的一个主要缺点的尝试：MBBR 工艺生物膜内氧气受到限制，从而限制了其生物膜硝化反应速率。目前已掌握的运行经验表明，MABR 工艺从这个角度来看是成功的。然而，从其他方面来说，MABR 工艺有可能具有与传统固定载体工艺相同的挑战，比如说对生物膜厚度控制较差以及红虫过度生长的麻烦等。另外，MABR 载体的成本按单位载体面积计也比 MBBR 载体要高很多。这一点有可能随着 MABR 的广泛应用，其载体生产产生规模化经济后而改变。不管怎样，有人还是会问这样一个问题：MABR 较高的单位面积硝化反应速率是不是可以有效地抵消其较高的单位面积载体的成本？

也许评判上述 MABR 工艺的缺点以及这些缺点是否可以通过设计特色以及工艺优化来加以改善还为时过早。然而可以预料的是，与 MABR 工艺相关的载体与设备以及工艺设计的知识与设计工具，将会在未来的数年内会根据新出现的挑战与机遇而不停地演变进化。考虑到这一点，现将有关组合工艺存在的一些有争议的问题罗列如下：

1. BOD 负荷对生物膜硝化速率的影响

BOD 负荷对 MBBR 生物膜硝化速率的影响已经得到了广泛的研究，因此一般不建议将 MBBR 载体放置在生化池的上游区段。但是，BOD 负荷对 MABR 生物膜硝化速率的影响如何呢？这一影响又将如何限制 MABR 载体在生化池内的安装位置呢？

2. 生物膜内氨氮限制与氧气限制的影响

MBBR 氨氮通量曲线表明，在液相氨氮不低于 0～1 或 0～2mg N/L 时，其生物膜硝化速率不受液相氨氮的限制[11]。这一氨氮限制的氨氮浓度范围仅仅比混合液硝化氨氮限制的氨氮浓度（0～0.5mg N/L）范围高一点。

而 MABR 中试数据表明，MABR 生物膜硝化速率在液相氨氮浓度在 5～10mg N/L 范围内时就开始受到限制[19]。第 6 章中工程规模的 MABR 实例数据表明，MABR 生物膜硝化速率在液相氨氮浓度在 0～20mg N/L 范围都有可能受到限制。与 MBBR 工艺相比，这一范围要宽得多。尽管 MABR 生物膜内充足的氧气供应量是其中很重要的原因，另外需要考虑的因素还有 MABR 膜箱内部与其周围液相之间的传质限制。

那么，MABR 工艺中较大的氨氮限制浓度范围与 MBBR 工艺中较小的氨氮限制浓度范围会导致哪些工艺设计方面的影响呢？第 1 章中已经讨论过，氨氮限制条件可提高系统应对氨氮峰值负荷的能力，这正是考虑混合液设计泥龄安全系数的主要原因之一。这个问题将在第 6 章"有关运行动态的调查研究"中加以详细讨论。

3. 载体最大装填密度

实践经验表明，MBBR/活性污泥组合工艺的载体最大装填比例为池容的 60%，而较为谨慎的设计会更接近于 40%～50%。由于载体的可移动性，MBBR/活性污泥组合工艺的载体装填比例相对来说比较容易得到测试并加以调整。如果生化池内的载体太多，多余的载体可以简单地加以去除。那么，对于固定载体或 MABR 载体来说其最大的装填密度是多少呢？这一参数又将如何受到 BOD 负荷以及生物膜擦洗能量的影响呢？在某种特定的情况下，载体空隙率在某一数值时有可能小得不能再小，这时哪怕是很少的生物膜的增加就有可能将整个载体框架变成一整块污泥。与 MBBR 载体的填充比例不同，固定载体或 MABR 载体的装填密度在产品设计的过程中就定下来了，因而很难在现场进行调整。

4. 短程总氮的去除

组合工艺有没有可能实现短程总氮的去除呢？在 MABR 载体中采用特殊调整的供氧策略时，可不可以抑制亚硝酸盐氧化菌（NOB）的生长甚至激发厌氧氨氧化菌（Anammox）的生长呢？研究人员已经指出 MABR 生物膜可以实现短程总氮的去除，但是这些都还需要在实际工程中加以证实[23]。

5. 高等生物的影响

高等生物，包括原生动物、轮虫、阿米巴，以及线虫（即红虫）等，在生物膜内数量有可能比较多。尽管如此，通常采用的工艺模型及设计方法都只是明确考虑细菌的活性。

在模拟活性污泥混合液时，高等生物的活性假定在标准的生物生长与衰减参数中已加以考虑。由于生物膜内高等生物数量更高，这一假设对于生物膜来说是否仍然有效呢？高等生物对生物膜的吞噬与捕食是否会影响生物膜可达到的氨氮通量，以及是否会影响从生物膜脱落到混合液中的硝化菌总量呢？高等生物对生物膜的吞噬作用在同向与异向扩散生物膜中的影响是不是大不一样呢？有研究表明，阿米巴以及原生动物在异向扩散的 MABR 生物膜内部生长良好，这些高等生物对生物膜的吞噬作用可以大大提高生物膜内的孔隙[2]。这一现象可能会限制硝化菌的生长，这是因为硝化菌也倾向于生长于 MABR 生物膜的里层。这一现象还有可能增加生物膜的脱落速率。前者可能对组合工艺不利，而后者有可能是有利的。对生物膜内高等生物的进一步研究应该可以帮助我们进一步理解如何优化组合工艺的设计，以及同向和异向扩散生物膜的相对潜力等问题。

第3章 组合工艺系统的实际应用

在前面章节有关组合工艺的设计步骤中，我们提到了"等效泥龄"（Equivalent SRT）以及"接种效应"（Seeding effect）等概念，并阐述了组合工艺中生物膜与活性污泥的协同作用的好处。在本章中，我们将分析与探讨组合工艺的工程应用，并回答一些经常被问及的问题：在实际工程中，向活性污泥工艺中投加载体生物膜真的会有好处吗？载体生物膜真的可以强化工艺吗？投加载体生物膜所节约的投资与运行费用可不可以抵消载体及系统安装的成本呢？

本章将首先介绍采用低于传统设计规范值进行硝化的组合工艺。简言之，我们将首先评估采用 IFAS 工艺进行工艺强化的一些声明。相关讨论将进一步扩大到滴滤池（TF）/活性污泥组合工艺以及侧流/主流工艺的接种效应。尽管这些工艺不是在第 2 章严格定义的组合工艺，但仍然验证了接种效应。事实上，由于这两类工艺系统中接种效应的接种源处于活性污泥系统的外部，这更有助于更好地理解 IFAS 工艺中的接种效应。

理解并定量接种效应的理论框架将在第 4 章中进一步进行探讨，并由此推导出一系列的设计公式。本章的主要目的在于提供以下几个方面的概述：

（1）结合两个工程规模的实例，概述实施 MBBR/活性污泥组合工艺的主动力以及工程运行的经验。

（2）结合一个工程规模的实例以及一个示范中试工程，概述实施 MABR/活性污泥组合工艺的主动力以及工程运行的经验。

（3）概述以上游或平行工艺中的硝化菌来接种对活性污泥工艺进行生物强化增效的经验。

3.1 生物膜与混合液之间硝化的平衡

3.1.1 生物膜承担全部硝化

当组合工艺中生物膜可以实现系统所要求的全部硝化时，生物膜与混合液之间的协同作用就不重要了。在此情况下，混合液可以采用适合于生长速率较高的异氧型微生物的最短泥龄。该操作泥龄主要是要实行较好的生物絮凝，从而保证出水 BOD 与 TSS，这一最短泥龄一般在 2～3d 即可。这将是工艺强化的极限，即混合液泥龄与系统对硝化的要求无关。

为便于讲解，我们先考虑污水处理厂从无硝化升级为有硝化的一个基准工艺，从而以此为基准进行对比。假定该污水处理厂的操作泥龄为 3d，这一泥龄在冬季水温为 10℃时将不能够提供稳定的硝化。为满足新的出水氨氮的要求并满足设计规范的要求，系统泥龄很有可能需要提高至 9～15d 范围内。基准工艺考虑将好氧池与二沉池扩容至少 3 倍以上，要么系统的处理负荷将需要显著降低。如果池体的造价按 1057 美元/m³ 来考虑，要实现硝化所需要的工程投资也不能说是很小的。

与之相对比，采用生物膜实现全部硝化的 IFAS 工艺将不需要新建任何生化池或二沉池。该组合工艺实现从无硝化到硝化的升级，同时保持原有的处理水量，其工程投资主要包括生物膜载体以及附属设备的造价。这部分投资也是不低的，但与基准工艺方案相比要低，不难看出组合工艺应该是更优的方案。

从本章中所讨论的工程实例可以看到，IFAS 工艺倾向于在生物膜内进行一部分硝化，而剩余的硝化由混合液污泥来承担。事实上，一系列因素使得采用生物膜实现全部硝化的方案不切实际。因此，生物膜与混合液之间的协同作用，包括生物膜对混合液的接种效应，是不能够忽视的。

3.1.2　生物膜硝化的应用局限性

以下几个方面的讨论以采用 IFAS 工艺对已有活性污泥系统进行升级为背景。这几个方面的讨论将解释为什么采用生物膜实现全部硝化往往是不切实际的，但这并不是说这一方案是不可能的。毕竟，这一方案也就是"纯生物膜"MBBR 工艺的设计。然而，纯生物膜工艺一般采用两级构型，即第一级以去除 BOD 为目标，而第二级用于硝化，或者是用作已有活性污泥系统的三级处理。另外，生物膜池体一般也要求定制，通过对池体容积与尺寸的控制来实现合理的载体填充密度，并防止池体内出现水力学瓶颈。在对已有活性污泥系统进行升级改造工程中，经常会存在一些实际困难与限制因素，导致系统不能够实现所需要的生物膜载体填充密度，设计人员必须根据已有系统的局限性对工艺设计进行调整。

1. BOD 负荷的影响

用于硝化的生物膜载体一般避免置于生化池的上游区段，这是因为由于高 BOD 负荷的影响，有可能无法形成硝化生物膜。在高 BOD 负荷的条件下，生物膜内的异养型微生物可能在竞争有限的溶解氧的过程中将硝化菌排挤出局。因此，IFAS 工艺倾向于将生物膜载体置于生化池的中下游区段，此时，大部分甚至全部的进水 BOD 负荷已经被混合液中的微生物所去除。与 MBBR 生物膜相比，MABR 生物膜内的硝化对 BOD 负荷相对不敏感，这是由于 MABR 生物膜内氧气与其他基质的"异向扩散"特性所致。这一点在第 2 章中已经讨论过了。正因为如此，MABR/活性污泥组合工艺目前的设计惯例包括将其载体置于靠近生化池的上游区段。这一点将在本章 3.3 节 MABR/活性污泥组合工艺的工程实例中进一步加以讨论。

2. 生物膜填充密度

可实现的载体容积表面积，例如单位容积的生化池内的载体表面积（m²/m³），会受到一些实际条件的限制。移动载体可提供最高的比表面积（即单位体积的载体表面积），但是其容积表面积受到生化池内可实现的载体容积填充率的限制。载体容积填充率为单位容积的生化池内的载体的体积百分比（%），而大多数情况下该填充率不应超过 50%。如果该填充率超过 50%，载体的混合就会受到影响，用一位操作人员的话来说就是"载体开始爬上池壁"。

举例来说，假定移动载体的比表面积为 500m²/m³，填充率为 50%，生化池内载体的

容积表面积为 $250m^2/m^3$。对于固定载体而言，包括 MABR 载体在内，其载体的填充密度与 MBBR "载体的比表面积"类似。再考虑载体的容积填充率，固定载体的填充密度可用来计算其容积表面积。一般来说，固定载体的容积表面积大约为移动载体的 $1/2$。

3. 水力瓶颈

对于 MBBR 载体而言，由于需要在生化池内安装载体拦截网，这将显著增加水力坡度线中的水头损失。这有可能限制通过工艺流程的总处理流量，从而使得采用 MBBR 工艺进行升级改造可能无法实施。而对于采用传统固定载体工艺及 MABR 工艺而言，由于不需要在生化池内安装载体拦截网，因而也就不需要考虑这一点。

4. 扩散阻力

为了要确保出水氨氮符合要求，即使是出水氨氮的要求高达 5mg N/L，设计人员也应该在工艺设计时采用低得多的出水氨氮目标，例如采用 $1\sim2$mg N/L。生物膜内的硝化反应一般受扩散的限制，而当液相中的氨氮浓度低于 5mg N/L 时，这将显著降低生物膜的可实现的硝化反应速率。为了在实现出水氨氮目标低于 5mg N/L 的条件下确保生物膜能够去除所有的氨氮负荷，工艺设计人员应该考虑采用较低的生物膜硝化速率。降低的生物膜硝化速率可以采用增加载体表面积来弥补。但是，由于受到生化池内载体最大填充率或填充密度的制约，增加载体表面积有可能无法弥补降低的生物膜硝化速率。

3.1.3 生物膜与混合液协同硝化

鉴于上述因素以及其他一些通常与特定场所相关的因素，IFAS 工艺的设计都倾向于依靠混合液实现部分硝化。但是，如果系统仍旧保持传统硝化的设计泥龄，IFAS 工艺就没有任何好处可言。正如以下章节所示，在美国有代表性的 IFAS 工艺的操作泥龄在温度范围为 $8\sim18$℃的条件下一般为 $2.5\sim5$d。Ødegaard（2009 年）指出，这些污水处理厂的操作泥龄为依据德国 ATV 设计标准的纯活性污泥工艺设计泥龄的 60%[36]。Ødegaard 进一步指出，其中至少一座或两座污水处理厂的操作泥龄低于由硝化菌生长动力学参数而定的清零泥龄。

也许有人会问，生物膜与活性污泥组合工艺允许混合液在低于正常要求泥龄的条件下实现硝化，其协同效应到底是什么？生物强化或更为典型的"接种效应"是文献和设计手册中经常提及的解释[36,1,9]。然而，另一种可能性则是，当大部分氨氮负荷已经由生物膜所去除，这使得混合液去除剩余的氨氮负荷变得更简单。这一点看起来与式（1-1）所示的传统设计公式相矛盾，因为该公式表明出水氨氮浓度只与泥龄以及硝化菌生长动力学参数有关，而与需要处理的负荷无关。然而，这一假设并不是完全有效，尤其是在考虑接种效应时更是如此，这一点将在第 4 章中说明。

还有一种必须考虑的可能性是，这些污水处理厂有可能仅仅只是在较低的安全系数下运行。除了这一座或两座污水处理厂确实在低于清零泥龄的条件下成功运行之外，其他污水处理厂有可能由于以下原因可以容忍较低的安全系数：

（1）与 Ødegaard（2009 年）[36] 引用的 ATV 设计指南的要求相比，一些污水处理厂的出水氨氮要求可能更为宽松；

（2）一些污水处理厂的某些特定条件，例如进水负荷波动较小或者是系统冗余度较高，可能会减少出水氨氮发生穿透的可能性；

（3）操作或工艺设计人员有可能容忍较高的风险。

在以下几节中，我们将对采用 IFAS 工艺，包括 MBBR/活性污泥组合工艺与 MABR/活性污泥组合工艺进行升级改造传统活性污泥工艺的案例进行审核。我们将给出这些污水处理厂升级改造的驱动力和一些实际操作经验，以及接种效应可以允许系统在较低的泥龄下运行的证据。

3.2　移动床生物膜反应器（MBBR)/活性污泥组合工艺实例分析

3.2.1　布鲁姆菲尔德（Broomfield）污水处理厂

1. 项目驱动力

美国的第一座 MBBR/活性污泥组合工艺污水处理厂于 2002～2003 年间在科罗拉多州的布鲁姆菲尔德市调试运行，该污水处理厂处理规模为 20000m³/d，人口当量大约为50000 人。升级改造的主要动力为人口的增长以及新的出水氨氮目标，该目标要求出水氨氮在夏季不超过 1.5mg N/L，在冬季不超过 3mg N/L。另外，为了实现一部分出水用于灌溉，还需要总无机氮低于 10mg N/L 和总磷低于 1mg P/L。由于没有三级深度处理，其二沉池出水还需要实现 BOD_5 和 TSS 不超过 10mg/L 的目标。以上设计指标均基于 30d 平均值。该项目对 6 套处理方案从以下几项指标进行了评估：与远期扩建的兼容性、与 TF/活性污泥组合工艺的类似程度、占地以及总体的费用。MBBR/活性污泥组合工艺成为基于以上指标的优选方案[27]。

2. 工艺配置

为满足出水对总无机氮（TIN）以及总磷（TP）的要求，该污水处理厂采用 A^2O 工艺，该工艺设置一个较小的预缺氧区接纳初沉池出水以及回流污泥（RAS），后续一个较大的厌氧区用于强化生物除磷。厌氧区之后为反硝化缺氧区，该缺氧区接收从下游好氧区回流的硝化混合液。下游好氧区包括两个单元池体，每一个池体填充约 30% 的 Kaldenes K1 载体。该 K1 载体的比表面积为 500m²/m³。预缺氧区、厌氧区、缺氧区和好氧区的相对容积比例分别为 5%、9%、19% 和 67%。

3. 操作泥龄

设计泥龄在 13℃ 条件下为 4.7d。考虑到非曝气池体的比例，好氧泥龄为 3.15d。通过为期 2 年的系统评估，Rutt 等人（2006 年）对该污水处理厂的运行的描述如下：在冬季温度为 14℃，好氧泥龄为 3～4d 的条件下，该污水处理厂能够持续保持出水氨氮低于 1mg N/L[27]。

根据式（1-2），在温度为 14℃ 的条件下，实现出水氨氮低于 1mg N/L 的最低泥龄大约为 3～4d。因此，按照传统活性污泥工艺的设计模式而言，布鲁姆菲尔德的 IFAS 工艺是在最低泥龄的条件下运行，即其安全系数为 1。布鲁姆菲尔德污水处理厂运行的可靠程度表明其安全系数事实上肯定要高于 1。第 4 章 4.3.4 节将提出采用 $R_{Nit,max/L}$ 这一数值的方法来定量 IFAS 工艺的安全系数。这一数值考虑混合液的硝化以及由生物膜去除的氨氮负荷之比例。

该研究并没有测算由生物膜去除的氨氮负荷的比例，但是由相对于载体表面积的氨氮负荷，也可以获得一些有用的信息。该污水处理厂进水最大月氨氮负荷为 1126kg N/d，好氧区容积为 4546m³，载体填充率为 30%，Kaldenes K1 载体比表面积为 500m²/m³，由此可以计算出载体的氨氮负荷为 1.65g N/m²/d。按照当前的设计惯例，MBBR 载体的设计硝化速率一般都低于 1g N/m²/d，由此可见该系统中由生物膜去除的氨氮负荷远远低于 100%。

4. 生物膜负载量

第一个 MBBR 单元池体内的载体生物膜负载量（3～20g/m²）明显高于第二个 MBBR 单元池体内的载体生物膜负载量（1～10g/m²），而且生物膜负载量随季节而显著变化。生物膜负载量在冬季较高而在夏季较低。在为期 2 年的系统评估期间，混合液污泥浓度在 1500～2700mg/L 波动，且发现生物膜负载量与混合液污泥浓度之间没有相关性。混合液污泥沉降性能较好，污泥沉降指数（SVI）在 100～150mL/g。尽管生物膜负载量变化很大，但是系统的处理效果却一直很好，这正好证实了当初设计时的一个假设，即载体的有效表面积，而不是载体的生物膜负载量，是保证处理效果的关键指标[27]。

3.2.2　詹姆士河（James River）污水处理厂

1. 项目驱动力

詹姆士河污水处理厂是在美国弗吉尼亚州东南部由汉普顿路卫生区（HRSD，Hampton Roads Sanitary District）运营的九个主要污水处理厂之一。该污水处理厂设计处理规模为 17MGD（64000m³/d），出水排入詹姆士河。詹姆士河为下切萨皮克湾（lower Chesapeake Bay）的主要支流，而下切萨皮克湾对氮负荷很敏感，因此该水域内的污水排放单位，包括汉普顿路卫生区在内，都面临着日益严格的出水营养物排放要求。

为满足更为严格的出水营养物排放要求，詹姆士河污水处理厂将其生化池前端池体设置为非曝气区实现反硝化。这一改动降低了好氧泥龄，也就是减少了系统的硝化能力。如果不采用 IFAS 工艺来弥补其减少的硝化能力，该污水处理厂将不得不降低其最大处理规模。

2. 工艺配置

图 3-1 显示了在 2007 年 11 月至 2009 年 4 月期间进行的规模为 2MGD（7571m³/d）的示范工艺流程图。该示范工程的目的就是为了探究 IFAS 工艺的处理效果，从而调查该技术是否可以用作该污水处理厂的升级方案[33]。中试很成功，并为将该污水处理厂全部改造成 MBBR/活性污泥组合工艺提供了设计基础。

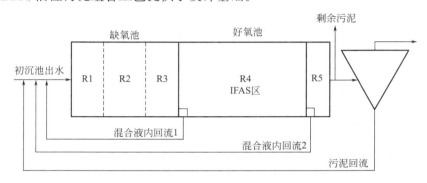

图 3-1　詹姆士河污水处理厂 MBBR/活性污泥组合工艺流程图

值得一提的是，在詹姆士河污水处理厂进行的示范工程还包括了一系列补充测试，用以支持对组合工艺处理效果的评估。这些测试包括从示范系统采集的载体的实验室活性测定，以及采用全厂和实验数据进行的模型校正。另外需要指出的是，由于采用从生化池出水进行剩余污泥的直接排放，系统能够较好地控制混合液泥龄，这使得混合液泥龄仅为剩余污泥体积的函数，而不依赖于剩余污泥的污泥浓度。相比之下，当剩余污泥从污泥回流液中进行排放时，计算泥龄需要测定或估计回流污泥/剩余污泥（RAS/WAS）的浓度，这有可能会导致泥龄估算的不确定性。

基于 Thomas（2009 年）[33] 的研究，有关詹姆士河污水处理厂 IFAS 工艺示范工程的要点概述如下：

（1）低于清零泥龄条件下的硝化

在冬季，最低温度为 14.5℃、混合液泥龄为 2.9d 的条件下，可实现出水氨氮浓度为 0.5mg N/L。在此温度条件下，最短的传统泥龄大约为 3.5d。在该示范工程中，氨氮在生物膜与混合液中的去除比例分别为 75％ 与 25％。詹姆士河污水处理厂 IFAS 工艺示范工程验证了在混合液氨氮去除比例为 25％ 左右时，系统可以在低于清零泥龄的条件下实现硝化。

（2）载体生物量

载体生物量指的是载体上附着的生物膜，通过从载体上刮下来的生物膜并在 105℃ 烘箱内烘干后的重量来测定。载体生物量比生物膜厚度的测量要容易得多。由于生物膜处于自然的漂浮状况，使得原位测定生物膜的厚度几乎是做不到的。载体生物量可能也是生物膜更为基础的一个参数，它与生物膜的密度并无关联，而生物膜的密度会随着温度以及生物膜的组成而变化。研究发现，载体生物量随着温度以及混合液泥龄的变化而变化。对生物膜的观察发现载体生物量在冬天是最高的，这与 IFAS 工艺的典型经验也是一致的。

（3）生物膜硝化与混合液硝化

研究发现，当水温上升时，硝化活性从生物膜向混合液转移，而当水温下降时，硝化活性会从混合液转移回至生物膜。在温度最高最热的时间段内，仅有 30％ 的硝化由生物膜来进行。相比之下，在冬季最冷的时候，有 75％ 的硝化由生物膜来进行。这表明在冬季温度下降，系统泥龄趋近清零泥龄时，组合工艺的硝化效果可以由于硝化活性向生物膜转移而得到补偿。生物膜提供了附加的安全系数或者说是提高了应对混合液硝化损失的韧性。

（4）氧化氨氮与亚硝酸盐氮的活性

AOB 和 NOB 的活性在生物膜与混合液中的分布并不均匀。无论是在寒冷或温暖的季节条件下，NOB 在生物膜内的活性始终比 AOB 的活性要高。这一发现对有可能考虑的短程硝化实现氮的去除十分重要，因为实现 NOB 的抑制在这一过程中具有重要的作用。NOB 在生物膜内的活性较高，意味着在 IFAS 生物膜内实现短程硝化如果不是不可能的话，也会是更具挑战性的。如果先将短程硝化放在一边，这一发现也可以从正面来理解，因为 NOB 在生物膜内较高的活性可以防止出水亚硝酸盐氮过高的风险。出水排放含有亚硝酸盐氮是不可取的，因为亚硝酸盐氮具有毒性，也可能影响下游杀菌消毒工艺。

3.3 膜传氧生物膜反应器（MABR）/活性污泥组合工艺实例分析

3.3.1 约克维尔-布里斯托尔卫生区（YBSD）污水处理厂

约克维尔-布里斯托尔卫生区（YBSD）拥有并运行美国伊利诺伊州约克维尔市污水处理厂。该污水处理厂服务人口大约为 18500 人，设计流量为 13700m³/d，有机负荷为 2155kg BOD_5/d。该污水处理厂出水排入福克斯河。图 3-2 为该污水处理厂平面布置图。

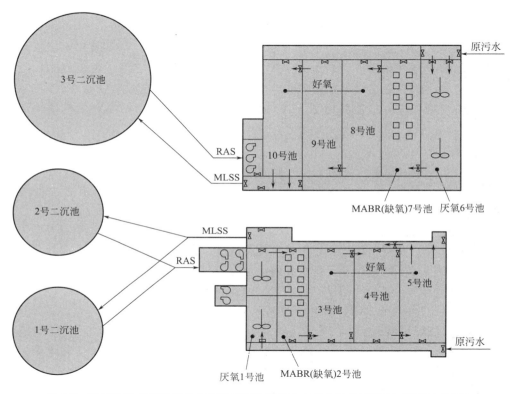

图 3-2　YBSD 污水处理厂的 MABR/活性污泥组合工艺工艺流程图（YBSD 许可）

作为升级其生物脱氮除磷工艺的一部分，该污水处理厂将 MABR 载体安装于生化池内，用来抵消由于好氧池容积比从 100% 降至 60% 而失去的硝化处理能力。最终的工艺为 MABR/活性污泥的 IFAS 工艺，是美国境内第一座此类工艺的工程规模的污水处理厂。工艺操作及处理效果等方面都还处于一个学习的过程。在下面的几节中，我们将简要介绍 Underwood 等发表的有关 MABR/活性污泥组合工艺启动的一些信息和知识要点[34]。

1. 工艺升级的驱动力

YBSD 污水处理厂采用 MABR/活性污泥组合工艺进行升级的驱动力与其日益增长的处理负荷以及更为严格的出水水质要求有关，即更多的处理水量以及更好的出水水质。据 Underwood 等（2018 年）发表的论文，YBSD 污水处理厂正经历着由人口增长以及新工业的入驻所导致的有机负荷的不断增加。然而，与全世界节约用水的大趋势相一致，该污水处理厂水力负荷并没有如同其有机负荷一样而相应地增长。虽然如此，由于伊利诺伊州采用的是基于十州标准（Ten States Standards）的有机负荷率为设计基准，有机负荷的预期增长使得该污水处理厂趋近达到其设计有机负荷率。

与此同时，YBSD 还需要在 2019 年 5 月前达到全国污染物排放减排系统（NPDES）许可证中出水总磷（TP）不超过 1.0mg P/L 的要求。这一现状要求 YBSD 污水处理厂进行升级改造，既要提高其处理有机负荷的能力，还要实现总磷的去除。现有污水处理厂占地已用完，任何采用传统工艺提高处理负荷的方案都将需要在临近的新场地建设单独的处理系统。YBSD 对可选的替代方案很感兴趣，希望替代方案不仅可以缩减建设成本和资本支出，从而降低对向 YBSD 缴纳服务费的用户的影响，同时还希望替代方案可以加速工程实施的进度，从而可以规避申请排污许可以及建设新的污水处理厂的时间。

YBSD 选择将已有二级处理系统进行升级改造，包括在原有活性污泥生化池内安装 MABR 系统并将原有活性污泥工艺改造为强化生物除磷工艺（EBPR），其原因如下：

（1）该方案可以平衡其有机负荷与水力负荷。YBSD 在其有机负荷增加时而保持其原有水力负荷不变，因此可以在原有设施的基础上通过升级改造提高其处理能力。

（2）采用 MABR 与 EBPR 的升级改造方案的总投资预计将比新建传统二级处理系统总投资低 25%。

（3）MABR 与 EBPR 组合的升级改造方案可以在 18 个月内实施完工。

（4）MABR 与 EBPR 组合工艺具有协同作用。MABR 工艺实现同步硝化与反硝化（SND），可以减少回流污泥（RAS）带入厌氧池的硝酸盐氮的负荷，而降低回流污泥（RAS）中硝酸盐氮的负荷是提高 EBPR 处理效果的关键策略之一。

（5）MABR 工艺可以节能，该污水处理厂有望在升级改造后不增加能耗，甚至是在其有机负荷增加后也是如此。

2. 经验教训

如 Underwood 等人所述，所选用的 ZeeLung 载体的处理效果一直很稳定，其氧气传递速率（OTR）和氧气传递效率（OTE）均值分别为 10.8g O_2/(m^2·d) 和 33.3%。如果采用硝化反应利用氧气的理论化学计量值 4.57g O_2/g N 来计算，ZeeLung 载体的硝化速率（NR）为 2.36g N/(m^2·d)，这与其他 MABR 参考文献中报道的数据是一致的。

硝化生物膜的存在由定量聚合酶链反应（qPCR）测试 ZeeLung 生物膜内的 DNA/rRNA 而得到了证实，该测试表明 AOB 与 NOB 总量大约为 ZeeLung 生物膜内细菌总量的 40%。相比之下，对活性污泥混合液进行的同样的测试表明，其 AOB 和 NOB 总量往往要低于其细菌总量的 10%。

qPCR 测试结果表明，该污水处理厂的 MABR 生物膜内的硝化菌量虽然比一般 MABR 生物膜内的硝化菌量要高，但是其生物膜内相对的硝化菌量还是比异养菌量要低。这一点并不与 ZeeLung 生物膜内氧气主要用于硝化相矛盾，其原因在于硝化菌生长的氧气利用量比异养菌生长的氧气利用量要高很多[①]。如图 3-3 所示，硝化菌氧气的利用量与其生物生长之比为 4.57/Y_{Nit}（gO_2/g 微生物），而异养菌的这一比值为 $(1-Y_H)/Y_H$。如果假定硝化菌的产率，包括 AOB 与 NOB 的产率（$Y_{AOB}+Y_{NOB}$）为 0.24g COD/g N，异养菌的

---

① 译者认为硝化菌生长需要更多的氧气是事实，但是这并不能成为让硝化菌获得竞争氧气优势的主要原因。

产率为 0.67g COD/g COD，硝化菌和异养菌的上述比值（单位为 g O_2/g COD 生长）将分别为 19：1 与 0.5：1。

硝化菌比异养菌的氧气利用量与其生物生长之比要高很多，19：1 与 0.5：1，使得硝化菌差不多担负了全部的氧气的利用，尽管其生物量还不到生物膜内生物总量的一半。另外，生物膜内的一部分异养菌有可能进行反硝化，它们可以采用由硝化所产生的硝酸盐氮为电子受体而不使用氧气。

MABR/活性污泥组合工艺在 YBSD 污水处理厂的初步结果很理想，表明 MABR 工艺与 EBPR 工艺是可以相容的，该 EBPR 工艺为 A^2O 工艺，厌氧池容积比为 20％。MABR/活性污泥组合工艺在 YBSD 污水处理厂的处理效果将在第 6 章中进一步加以讨论。

图 3-3　硝化菌与异养菌生长的化学计量比较

3.3.2　在英国的 MABR/活性污泥组合工艺中试

1. 项目驱动力

Sunner 等人（2018 年）描述了从 2017 年 3 月至 2018 年 4 月间长达一年的在英国南部一污水处理厂进行的 MABR/活性污泥组合工艺中试工程[31]。英国此地区人口一直显著增长，导致了在土地昂贵、场地紧张的地区需要提升污水处理设施的处理能力。人口的增长还导致了更为严格的处理要求，将注意力集中到污水处理的质和量两方面：英国这一地区的污水处理厂在需要提升其处理负荷的同时，还需要提高其处理效果。正如在前面的章节中已经讨论过的，提高处理效果往往是以牺牲处理负荷为代价的。

在场地受限的条件下解决质与量的难题的唯一途径就是对现有工艺的强化。这正是调查研究 MABR/活性污泥组合工艺的背景。选择 MABR/活性污泥作为 IFAS 工艺是基于对技术经济的评估，评估结果显示该工艺方案在升级改造现有两座活性污泥污水处理厂的方案中具有最低的生命周期成本[31]。

2. 中试工程概况

图 3-4 为该中试工程的工艺流程图，其中 ZeeLung MABR 载体所在池体的容积约为生化池总容积的 15％。该中试对以下两种工艺构型进行了探究：

（1）型式 A：MABR 载体安装于约占生化池总容积 7％的预缺氧池之后的缺氧池内。

（2）型式 B：MABR 载体安装于约占生化池总容积 18％的好氧池之后的缺氧池内。

型式 A 让人想起 YBSD 的工艺构型，其 MABR 载体也位于一个非曝气区之后的池体内。这个设置在前头的非曝气区（预缺氧区）的主要目的是为了去除进水中的易生物降解的 BOD，这部分 BOD 可能会促进异养菌在生物膜内的生长，并牺牲部分硝化。型式 B 是为了模仿在 MBBR/活性污泥组合工艺中将载体置于一个前置好氧接触区下游的工艺构型。这一工艺构型可以去除比型式 A 中的预缺氧区更多的 BOD。试验结果表明，以上两种工

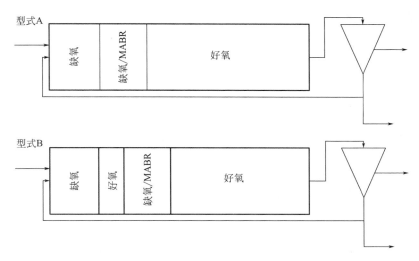

图 3-4　英国 MABR/活性污泥中试的工艺流程图（引用于 Sunner 等人的论文）

艺构型的硝化速率并没有显著的差异，这说明 BOD 负荷并没有影响型式 A 的硝化速率。

该中试采用初沉池出水为进水，流量约为 5 m³/d，混合液泥龄为 2~10d，系统中包括一个 MABR 膜箱，该膜箱装载了一个表面积为 40m² 的 ZeeLung MABR 载体。该中试氨氮的平均去除率为 96%，其中由生物膜去除的氨氮为 21%~34%。

3. 中试效果

在英国已经积累了大量有关 IFAS 工艺的经验，并完善了 IFAS 工艺的设计步骤。因此，该中试主要集中于演示 ZeeLung MABR 技术独特的优势，即与传统固定载体/活性污泥组合工艺和 MBBR/活性污泥组合工艺相比更高的硝化速率以及更低的能耗。据此，该中试的处理效果指标及其目标值如下：

（1）硝化速率（NR）为 2.0g N/m²/d，其中的表面积为一个 ZeeLung 膜组件的表面积（40m²）。

（2）生物膜去除 20% 的进水氨氮负荷，即 $F_{Nit,B}=20\%$。

（3）充氧动力效率（AE）为 4kg O₂/kWh：ZeeLung 载体的充氧动力效率（AE）由其氧气传递速率（OTR）除以 MABR 区运行所需的总输入能量来计算，MABR 区运行所需的能量包括载体的工艺用气，以及用于膜组件混合与擦洗的空气。

以上指标在中试期间其平均值均达到其目标值，NR、$F_{Nit,B}$ 和 AE 平均值范围分别为 2.2~2.7g N/m²/d，21%~33%，4~4.9kg O₂/kWh。另外，组合工艺的综合处理效果也依据英国的典型出水要求进行了验证，主要结果如下：

（1）出水氨氮低于 2mg N/L；

（2）出水 BOD₅ 低于 10mg/L；

（3）混合液污泥指数（SVI）低于 150mL/g（注：本中试中采用 SVI 来代替出水 TSS 指标，其原因在于运行中试规模的二沉池存在诸多挑战）。

出水 24h 混合样氨氮浓度长期低于 0.5mg N/L，在个别较短的期间出现过氨氮穿透的现象，氨氮浓度达到 5~7mg N/L，这是由于在峰值负荷期间溶解氧（DO）过低所致，即所谓的"溶解氧下垂（DO sag）"。该中试在峰值负荷期间出现溶解氧下垂是由于好氧区供气不足造成的[31]。

由溶解氧下垂导致出水氨氮超标的现象反映了中试系统在其操作运行过程中所面临的挑战，其原因在于中试系统的工艺构型和操作运行条件经常需要进行多方面的改变与调整。因此，中试系统的一些设备对每一阶段的试验来说也经常不是大小合适的。我们可以预期工程规模的操作运行会更为稳定。在工程规模的污水处理厂中，微孔曝气区的鼓风机容量将会满足所有负荷条件下的工艺用气量。因此，在该中试中由溶解氧下垂导致出水氨氮过高的现象并不影响对整个工艺系统的评估。

4. 工艺强化

接种效应在为期 55d 和 42d 的两个试验期间得到了验证，在那两个试验期间，系统温度分别为 19℃ 和 12℃，其平均好氧泥龄分别为 1.9d 和 4.0d。通过比较清零泥龄和系统操作的好氧泥龄及出水氨氮浓度，Sunner 等人证明了在生物膜氨氮去除百分比，即 $F_{Nit,B}$ 为 20％～34％时 ZeeLung MABR 对系统的工艺强化。这一比例远远低于在 3.2.2 节中詹姆士河 污水处理厂 MBBR/活性污泥组合工艺强化所需的高达 75％ 的生物膜氨氮去除百分比。相比而言，在 3.2.1 节中的布鲁姆菲尔德市污水处理厂并没有对其生物膜氨氮去除百分比进行定量，但是这一比例有可能远远低于 100％。

这就提出了这样一个问题，即获得有效的工艺强化所需的最低生物膜氨氮去除百分比 $F_{Nit,B}$ 应该为多少？另外，我们所观察到的工艺强化是否就是由于混合液氨氮负荷的降低，或生物强化/接种效应，或者是由于处于氨氮受限的生物膜提供了某种形式的动态负荷平衡所致？在第 2 章中的 MOP 35 设计指南为这些问题提供了部分答案，但是其针对的条件很有限[9]。在第 4 章、第 5 章、第 6 章中，我们将采用工艺模拟的方法对这些问题进行进一步的探讨。

3.4　IFAS 工艺工程案例分析结果

3.4.1　工艺强化

Ødegaard 综述了美国境内的 MBBR/活性污泥组合工艺。他指出，大部分系统都能够在低于传统设计泥龄的条件下实现硝化[36]。布鲁姆菲尔德市污水处理厂和詹姆士河污水处理厂的工程案例清楚地表明了，生物膜与混合液对这样的处理效果都很重要，即在通常不能够硝化的混合液泥龄条件下，混合液硝化在组合工艺中得以维持。

生物强化（或者是接种效应），经常用来解释组合工艺在较低的操作泥龄条件下仍然能够实现混合液硝化的现象。但是，其他的解释有可能是基于较低的需要混合液硝化的氨氮负荷，或者是处于氨氮受限的生物膜提供的负荷平衡效应，或者是这些污水处理厂只是在安全系数降低的条件下运行。安全系数降低的情况在一些工程实例中是确实存在的，但是这不能解释组合工艺在低于传统清零泥龄条件下成功运行的硝化处理效果。

3.4.2　生物膜与混合液之间的协同作用

无论如何，组合工艺中生物膜与混合液中的硝化微生物之间的协同关系是不能够被否认的。例如，在詹姆士河污水处理厂的经验证明了生物膜与混合液中的硝化比例存在着季节性变迁。以昼夜为基准，在 MABR 生物膜内，同样的变化可以通过其氧气传递的变化来观察到。在第 6 章中，我们将探讨生物膜与混合液中硝化的动态负荷平衡是如何转变为实际效益的。

3.4.3　新生代 MABR 工艺

尽管 MABR 工艺在污水处理领域还很新，但从英国的经验我们可以看到，MABR/活性污泥组合工艺已经作为 IFAS 升级组合工艺之一，与固定载体/活性污泥组合工艺以及 MBBR/活性污泥组合工艺同样被考虑，也就是说，MABR/活性污泥组合工艺就是另一种 IFAS 工艺。对咨询工程师来说，这些技术的区别将取决于获得所需表面积和硝化速率需要的池体容积是多少，以及其独有特性，例如运行能耗、载体是固定的还是移动的、对污水格栅过滤的要求，当然还有载体的成本等。

3.4.4　需要回答的重点问题

列出在前面几节中对 IFAS 工艺工程案例进行回顾时产生的一些问题是会有帮助的。这些问题将在以下章节中采用工艺模拟软件等工具来加以解答：

（1）获得有效的工艺强化所需的生物膜氨氮去除百分比（$F_{Nit,B}$）是多少？

（2）接种效应、降低的混合液氨氮负荷，以及动态负荷平衡之间的相对效益是多少？

（3）以上的效益在 MBBR/活性污泥组合工艺和 MABR/活性污泥组合工艺之间是否由于其生物膜内同向扩散与异向扩散的特性而显著不同？

3.5　外部菌源的接种效应

3.5.1　滴滤池（TF）/活性污泥组合工艺

最早记录的接种效应来自滴滤池（TF）/活性污泥组合工艺，该工艺的活性污泥混合液在原本不能产生硝化的污泥停留时间的条件下观测到了硝化[5]。

图 3-5 为 TF/活性污泥组合工艺的工艺流程图，初沉池出水经污水泵提升至滴滤池，滴滤池出水流入活性污泥系统。该工艺构型代表了包括罗利特溪污水处理厂（Rowlett Creek WWTP）和达克溪污水处理厂（Duck Creek WWTP）等在美国德州加兰市运行的几个污水处理厂。如此设计的污水处理厂，其滴滤池或者是其活性污泥系统单独都不能够实现硝化。滴滤池一般需要采用一级滴滤池去除 BOD 而在二级滴滤池中实现硝化。在这些污水处理厂所接受的 BOD 负荷条件下，在其滴滤池中只观测到了部分硝化。

尽管根据传统设计模型公式（1-1），活性污泥系统是不应该实现完全硝化的，但是该系统却观测到了完全硝化。式（1-1）一个重要的特点是其假定不受进水氨氮和进水中的硝化菌的影响。很显然第一个假设在低于清零泥龄时就不成立了，因为在此条件下出水氨氮是进水氨氮的直接函数，即多少氨氮进来就必须有多少氨氮出去。在进水中的硝化菌不能够被忽略并且操作泥龄在接近或低于清零泥龄时，第二个假设也不成立。

Daigger 等人阐述了传统设计模型的不足，并提议加入进水氨氮和进水中硝化菌的影响，以扩展传统设计模型[5]。与进水氨氮不同，进水中的硝化菌浓度不易测定，因此 Daigger 等人建议根据上游滴滤池的氨氮去除量并假定其生物产率来推测进水中的硝化菌

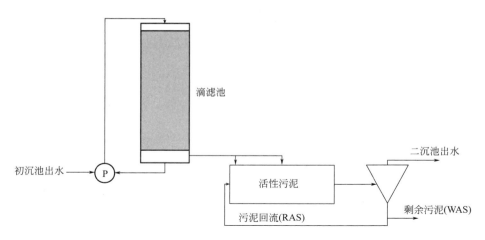

图 3-5　TF/活性污泥组合工艺的工艺流程图

浓度。这里所采用的硝化菌产率被称为"实际生长产率"，大概是考虑了滴滤池生物膜内的硝化菌生长产率以及内源代谢衰减的影响。在本书中，这一实际生长产率被称为"脱落"产率（$Y_{脱落}$）。在其他参考文献中有可能称这一实际生长产率为观测产率（Y_{Obs}），观测产率是生物生长产率、生物膜泥龄（SRT_B）以及衰减速率的函数，如式（3-1）所示：

$$Y_{脱落} = Y_{Obs} = \frac{Y}{1 + bSRT_B} \tag{3-1}$$

式中　$Y_{脱落}$——与生物膜氨氮去除量相对应，从生物膜脱落或脱附至液相中的硝化菌产率；

Y——在生物膜内与生物膜氨氮去除量相对应的硝化菌生长产率，有时也称为"真实"生长产率，mg COD/mg N；

b——生物膜内硝化菌衰减速率，d^{-1}；

SRT_B——生物膜内硝化菌停留时间，d。

　　尽管 Daigger 等人没有提供模型的公式，但是提供了长达 3 年多的模型预测的结果，并与罗利特溪污水处理厂和达克溪污水处理厂的实际数据进行了对比。对比的结果表明，该模型可以准确地预测在大部分运行期间内出水氨氮在 1mg N/L 范围之内，并且准确地预测了在一些月份内而不是所有的月份内，出水氨氮浓度较高（在 5mg N/L 范围之内）。

　　与式（1-1）所示的传统设计模型相比，Daigger 等人提出的将进水氨氮和进水硝化菌并入的模型极大提高了模型的预测能力。

3.5.2　侧流与主流工艺

　　在有侧流硝化或部分硝化-厌氧氨氧化（PN/A）系统且侧流剩余污泥排入主流工艺的污水处理厂中，会发生从侧流到主流活性污泥系统的硝化菌接种现象。Plaza 等人（2001年）在瑞典乌普萨拉污水处理厂进行的中试研究中对从侧流到主流的接种效应的好处进行了评估[24]。如图 3-6 所示，在该中试中几列活性污泥系统分别用来处理高浓度污泥脱水废水和初沉池出水。处理初沉池出水的活性污泥系统出水氨氮低于 1mg N/L，在其运行期间泥龄不超过 1.5d，温度在 13～16℃之间。

　　Plaza 为 Daigger 等人提出的相同的物料平衡问题提供了一个解析解，也就是在进水中的

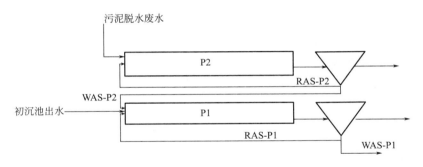

污泥脱水废水

图 3-6　侧流与主流处理接种策略工艺流程图

硝化菌不能够忽略不计（$X_0 \neq 0$）的条件下求解了出水氨氮浓度。如式（3-2）所示，通用的解析解通过将物料平衡方程处理为一元二次方程，通过方程的求根就可以得到通用的解析解。这个一元二次方程的解的不便之处在于包括"±"，这就意味着需要利用这两个解，何时采用哪个解取决于操作泥龄是高于还是低于清零泥龄。图 3-7 显示出了由此带来的不连续性。

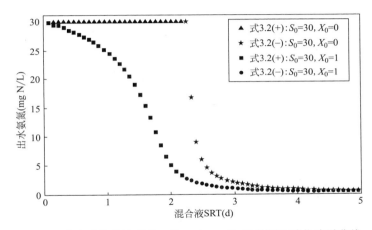

图 3-7　进水硝化菌浓度为 0 和 0.25mg/L 条件下的硝化清零曲线

为了克服式（3-2）的不足之处，Plaza 还提供了在 $K_S = 0$ 的特定条件下的简化解。基于该假设的简化解并没有解决采用一元二次方程求解这一方法的根本问题。而在第 4 章中，我们将推导更加稳定的组合工艺物料平衡方程的解。与 Plaza 等人采用的一元二次方程求解的方法不同的是，在第 4 章中，我们将采用一种近似"暴力破解"的方式来进行物料平衡方程的求解，即利用 Python 编程语言中的字符数学解库来直接求解。

$$S = \frac{A}{2} \pm \sqrt{\frac{A^2 - 4B}{4}} \tag{3-2}$$

式中　$A = S_0 - \dfrac{K_N + \dfrac{X_0 \mu \tau}{Y}}{1 - \mu \tau}$；

$B = -\dfrac{K_N S_0}{1 - \mu \tau}$；

S_0——进水氨氮浓度，mg N/L；

X_0——进水硝化微生物浓度，mg/L；

S——出水氨氮浓度，mg N/L；

K_N——氨氮半饱和浓度，mg N/L；

μ——给定温度条件下的硝化菌生长速率，d^{-1}；

Y——硝化菌生长产率，mg/mg N；

b——硝化菌衰减速率，d^{-1}；

τ——混合液污泥停留时间（SRT），d。

Plaza 没有讨论如何定量进水中的硝化菌总量，但是由模型敏感度分析得出接种效应在低于或临近清零泥龄时对工艺系统具有最大的好处，而在高于清零泥龄后其好处就不明显了。但我们也可以认为，Plaza 发现在高于清零泥龄后接种效应好处不多是因为他们没有研究在动态负荷条件下系统的反应。在第 4 章和第 6 章中，我们将探讨在峰值负荷条件下生物强化或接种效应是如何改善系统反应这一优势的。

3.5.3 接种效应的中试研究

Houweling 等人（2018 年）介绍了"接种中试"的设计和运行。在该中试系统中提供硝化菌接种效应的 MABR 生物膜与后续接受接种的悬浮生长恒化器是分开的[14]。该中试系统如图 3-8 所示，其中恒化器 A 没有接种，为接受接种的恒化器 B 提供参照。两套系统采用相同的配水和相同的流量，配水为 NH_4HCO_3 与营养液的混合溶液，氨氮浓度约为 50mg N/L。

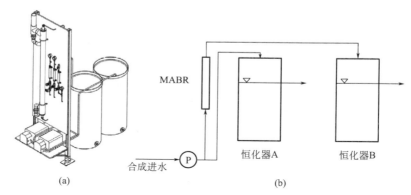

图 3-8 接种中试轴侧图（a）与工艺流程图（b）
显示 MABR 反应器固定于仪表板之上，以及未接种反应器（恒化器 A）和接种反应器（恒化器 B）

MABR 反应器的中空纤维 MABR 载体面积为 0.13m^2。根据进水流量的不同，氨氮负荷在 5~25g N/（$\text{m}^2 \cdot \text{d}$）范围内。通过调节进水负荷以及工艺用气量控制由 MABR 生物膜去除的氨氮负荷比例（$F_{\text{Nit,B}}$）的平均值在 30%~50% 范围内。

选择恒化器来模拟活性污泥工艺中的悬浮生物是因为该反应器可以精确地控制泥龄。根据定义，在恒化器中污泥停留时间（SRT）与水力学停留时间（HRT）没有区别。因此，采用恒化器避免了围绕剩余污泥量或出水总悬浮物的一些问题，因为这两项指标在估计传统活性污泥系统的泥龄时会引入显著的不确定性。在恒化器中，混合液泥龄只是进水流量和恒化器容积的函数。进水流量由双头蠕动泵来确保恒化器 A 与 B 的流量相同，而恒化器容积由设置于恒化器内的直立管的高度来控制。

接种中试的反应器容积和运行参数如表 3-1 所示，恒化器容积由设置于恒化器内的直立溢流管来控制。

接种中试运行参数　　　　　　　　　　　　　　　　　　　表 3-1

参数	单位	恒化器 A	MABR 反应器	恒化器 B
流量	mL/min	15～45	15～45	15～45
容积	L	60	2	60
HRT	d	0.6～2.5	0.03～0.09	0.6～2.5
液相溶解氧	mg/L	>4	0	>4
pH	S. U.	7～8	7～8	7～8
载体比氨氮负荷	$g/(m^2 \cdot d)$	N/A	5～25	N/A

图 3-9 显示了 2017 年 8 月至 11 月期间的处理效果，在此期间，恒化器 A 与 B 的泥龄从 2.5d 逐步降至 0.7d，然后又升高至 1.5d。操作温度约为 20℃，泥龄通过调节恒化器内的直立溢流管的高度来控制。

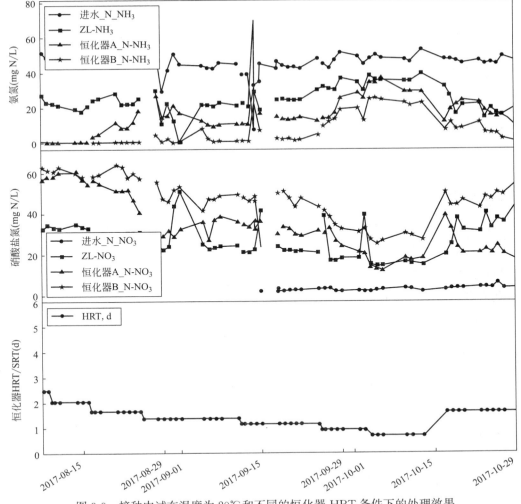

图 3-9　接种中试在温度为 20℃和不同的恒化器 HRT 条件下的处理效果

图 3-9 所示的结果可以总结为图 3-10 所示的"清零曲线"。图 3-10 中每一个泥龄条件下的稳态氨氮平均浓度为一个数据点,与其泥龄相对应。氨氮平均浓度的计算从恒化器的运行达到或接近稳态时开始,这一般需要在调整直立溢流管的高度或改变其他运行条件之后等待 3 倍泥龄的时间。

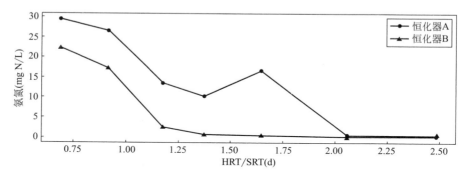

图 3-10　基于稳态条件下平均结果的恒化器 A 和 B 的 20℃"清零曲线"

从图 3-10 可以看出,接种的恒化器在泥龄仅为 1.3d 时可以实现出水氨氮低于 1mg N/L。作为对比,没有接种的恒化器要在泥龄高于 2.1d 时才可以实现出水氨氮低于 1mg N/L,在泥龄低于 2.1d 时,其出水氨氮都高于 10 mg N/L。与恒化器 A 相比,恒化器 B 的清零曲线更为平躺,这正是在该反应器内生物强化或者是接种效应好处的证明。

需要说明的是,尽管对反应器内壁有定期的清理以去除生物膜,这两个恒化器还是表现出了通常称为"器壁效应"的硝化现象。这一点在恒化器 A 的清零曲线中表现尤其清晰,恒化器 A 没有接种效应,但是从来就没有完全实现硝化菌的清零。式(1-1)预测在泥龄低于 1.5d 时,恒化器 A 出水应该等于其进水氨氮浓度,即 50mg N/L。但是,恒化器 A 的出水氨氮甚至在泥龄为 0.7d 时最高值仅为 30mg N/L。对此的解释很有可能是在两个恒化器内发生了"器壁效应"硝化。

在本节中介绍的试验装置为分离并研究生物膜对悬浮生长生物的影响提供了一个简单的方法。运行一个没有接种的参照反应器为评估组合工艺的处理效果提供了基准。对比接种和没有接种的清零曲线为理解组合工艺的优势提供了一个直观的方法。从该中试获得的一个教训与发生"器壁效应"硝化的可能性有关,"器壁效应"硝化在恒化器进水负荷较低时更为显著。即使有定期的擦洗以去除反应器内壁的生物膜,在每平方米器壁表面上发生的硝化反应速率还是有可能在 1 g/d 数量级,因此,试验设计应该考虑这一现象的可能性。

第 4 章　组合工艺系统的设计方程

在第 3 章和第 4 章中，通过对组合工艺的讨论引出了组合工艺的"接种效应"这个现象，该现象使得悬浮生长的硝化过程可以在接近或低于清零泥龄的条件下发生。此外还讨论了生物膜硝化对减少混合液需要处理的氨氮负荷方面的有利影响。量化这两方面的影响的基本原理已经在第 1 章所介绍的硝化菌物料平衡框架中介绍过了。对于组合工艺系统而言，唯一的差别在于第 1 章的以下两个假设不再有效：（1）进水氨氮浓度没有影响；（2）进水硝化菌浓度可以忽略。

这一理论框架将在本章中进一步加以探索，以便开发一些设计工具来量化在不同运行工况下的组合工艺系统的处理效果。这些工具能够用于解析生物膜对去除氨氮的相对贡献和"接种效应"对混合液硝化的有利影响。

更加具体一点，本章将介绍组合工艺的设计公式并用以说明下面几个方面的内容：

（1）清零曲线：出水氨氮在不同生物膜硝化比（$F_{Nit,B}$）和生物膜脱落产率（$Y_{脱落}$）条件下随混合液泥龄的变化而变化的清零曲线。

（2）增加生物膜硝化比（$F_{Nit,B}$）是如何实现系统在较低的混合液泥龄下运行的。

（3）组合工艺系统是如何通过增加混合液的硝化潜力来提高系统的安全系数的，这和系统最大硝化潜力与需要处理的氨氮负荷的比值（$R_{Nit,max/L}$）相关。

4.1　活性污泥清零曲线回顾

4.1.1　忽略进水生物量

1. 活性污泥工艺

图 4-1 给出了完全混合活性污泥法（CMAS）工艺流程框图。从物料平衡的角度来说，CMAS 是最简单的活性污泥工艺，基于这个原因，它也是本章中所有设计公式的基础。大多数活性污泥工艺在进行生化池设计时都包括一定程度上的推流式行为，因为这将导致工艺效果的改善。然而如果要考虑这个因素，将无法推导设计公式。尽管如此，以下的设计公式在推流式工艺中仍然有用，事实上，这些公式在实践上也确实被广泛使用。

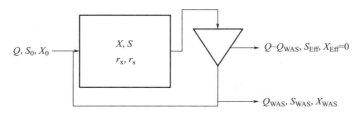

图 4-1　推导公式（1-1）的活性污泥法工艺流程图

图 4-1 中所用的符号符合一般惯例。其中，S 表示生物生长基质，X 表示生物。在本书中，基质指的是氨氮，而生物具体指的是进行硝化的氨氮氧化菌（AOBs）。这些符号的定义如下：

Q——进水流量，m^3/d；

Q_{WAS}——剩余污泥流量，m^3/d；

S_0——进水氨氮浓度，mg/L；

S_{Eff}——出水氨氮浓度，mg/L；

S_{WAS}——剩余污泥中的氨氮浓度，mg/L；

S——生物池中的氨氮浓度，mg/L；

X_0——进水硝化菌浓度，mg/L；

X_{Eff}——出水硝化菌浓度，mg/L；

X_{WAS}——剩余污泥中的硝化菌浓度，mg/L；

X——生化池中的硝化菌浓度，mg/L；

V——生化池的反应体积，L；

r_x——生化池内生物（即硝化菌）转化速率，$mg/(L \cdot d)$；

r_s——生化池内氨氮转化速率，$mg/(L \cdot d)$；

图 4-1 物料平衡当 $X_0=0$ 时的解析解将在接下来的小节中予以推导。而对于 $X_0 \neq 0$ 的情况，也就是对混合液来说有硝化菌的接种或生物增效的情况，其解析解将在 4.1.2 节予以推导。

2. 物料平衡方程

由于假定沉淀池内基本上是不发生反应的，所以 S_{Eff} 和 S_{WAS} 能够假定为等于 S。同时，与剩余污泥量（$Q_{WAS}X_{WAS}$）相比，沉淀池出水的悬浮物可以假定是忽略不计的，所以 $Q_{Eff}X_{Eff}$ 也假定为 0。最后，假定能够忽略进水中的生物量，即 $X_0=0$。

基于这些假定，氨氮和硝化菌的物料平衡可以由式（4-1）和式（4-2）表示。

进口总量－出口总量＋反应转化量＝累积量

$$QS_0 - QS + r_s V = \frac{d}{dt}SV = 0 \tag{4-1}$$

$$-Q_{WAS}X_{WAS} + r_x V = \frac{d}{dt}XV = 0 \tag{4-2}$$

在本章中，我们假定系统处于稳态工况条件，所以这两个方程中的 d/dt 项都等于 0。如果系统处于动态工况条件之下，d/dt 项等于 0 的假设就不对了，我们将在第 6 章中对动态工况条件进行探索。

从式（4-1）可以推算出基质利用率（r_s）和进出系统的基质物料平衡（S_0-S）之间的重要关系，如式（4-3）所示：

$$r_s = -\frac{Q}{V}(S_0 - S) \tag{4-3}$$

式（4-3）将用于推导能够分离 X（即生化池中的硝化菌浓度）这一变量的公式。

3. 反应动力学和化学计量

为了定义氨氮和硝化菌之间的反应速率，我们必须定义该工艺过程的反应动力学和化学计量关系。该工艺过程的反应动力学可以采用下面的硝化菌增长率 $r_{增长}$ 和衰减率 $r_{衰减}$ 来定义，见式（4-4）、式（4-5）。

$$r_{增长} = \mu X \frac{S}{K_S + S} \tag{4-4}$$

$$r_{衰减} = bX \tag{4-5}$$

有关硝化菌 X 和氨氮 S 的反应动力学和转化速率之间的化学计量关系则可以定义如下，见式（4-6）、式（4-7）：

$$r_X = r_{增长} - r_{衰减} \tag{4-6}$$

$$r_S = -\frac{r_{增长}}{Y} \tag{4-7}$$

值得注意的是，根据定义，转化速率 r_S 与 $r_{增长}$ 是负相关的，这是因为当生成 X（$+\Delta X$）时，对应的结果是 S（$-\Delta S$）的去除。有些文献资料为了避免采用负项指标，采用将 $r_{增长}$ 与基质利用率 r_{Su} 关联起来，而根据定义，基质利用率 r_{Su} 是正项指标。只要保持所有公式的一致性，这两种方法都是正确有效的。由以上公式可推导出氨氮 S 和硝化菌 X 的转化速率如下，见式（4-8）、式（4-9）：

$$r_S = -\frac{\mu X}{Y} \frac{S}{K_S + S} \tag{4-8}$$

$$r_X = \left(\mu \frac{S}{K_S + S} - b \right) X \tag{4-9}$$

由上述公式可以推导出 r_X 和 r_S 之间的一个重要关系，这个重要关系将在利用式（4-2）分离出参数 X 时十分有用。根据式（4-6）和式（4-7），我们可以推导出以下关系：

$$r_X = -Y_{r_S} - bX \tag{4-10}$$

4. 参数 X 的分离

推导活性污泥法处理效果公式的传统方法是先对物料平衡式（4-2）进行运算从而分离得到参数 X，然后将 X 的等式代入式（4-1），求解得到参数 S。

第一步要求对式（4-2）进行重新排列，如式（4-11）所示：

$$Q_{WAS} X_{WAS} = r_X V \tag{4-11}$$

然后将式（4-10）代入式（4-11），得到式（4-12）：

$$Q_{WAS} X_{WAS} = (-Y_{r_S} - bX) V \tag{4-12}$$

两边同时除以 XV 可得到式（4-13）：

$$\frac{Q_{WAS} X_{WAS}}{XV} = -\frac{Y_{r_S}}{X} - b \tag{4-13}$$

由于泥龄被定义为生化池污泥量（XV）除以剩余污泥排放量（$Q_{WAS} X_{WAS}$），所以我们可以根据泥龄（SRT）的定义：$SRT = (XV) / (Q_{WAS} X_{WAS})$，得到式（4-14）：

$$\frac{1}{SRT} = -\frac{Y_{r_S}}{X} - b \tag{4-14}$$

将式（4-3）定义的 r_S 代入式（4-14）我们得到式（4-15）：

$$\frac{1}{SRT} = \frac{YQ/V(S_0 - S)}{X} - b \tag{4-15}$$

对式（4-15）求解可分离出参数 X，见式（4-16）：

$$X = \frac{SRT}{V/Q}\left(\frac{Y(S_0 - S)}{1 + bSRT}\right) \tag{4-16}$$

5. 参数 S 的求解

将式（4-16）和式（4-8）代入式（4-1），可得出式（4-17）：

$$QS_0 - QS + \left(-\frac{\mu \frac{SRT}{V/Q}\left(\frac{Y(S_0 - S)}{1 + bSRT}\right)}{Y} \frac{S}{K_s + S}\right)V = 0 \tag{4-17}$$

求解可得到参数 S，见式（4-18）：

$$S = \frac{K_s(1 + bSRT)}{SRT(\mu - b) - 1} \tag{4-18}$$

式（4-18）就是在第 1 章中给出的式（1-1）。该公式是图 1-1 所示"清零曲线"的基础，唯一不足的是该方程没有考虑进水氨氮或生物的浓度的影响。这一点将在 4.1.2 节中予以阐述。

6. 对 HRT 和进水氨氮的不敏感性

令人惊讶的是，式（4-18）和式（1-1）只是与 SRT 和硝化菌动力学参数相关，而与进水流量或浓度无关。在这些公式中，不仅没有出现进水氨氮和硝化菌生物量，而且也没有涉及生化池容积 V、流量 Q 或者水力停留时间 HRT（V/Q）。这就意味着活性污泥法工艺的水力停留时间与系统的处理效果无关。HRT 在式（4-16）中确实出现过，式（4-16）表明生物池中的硝化菌浓度与 SRT/HRT 这项指标是成比例的。

这为理解活性污泥工艺是如何工作的提供了深入的见解：SRT/HRT 指标表示了泥龄和 HRT 二者之间脱钩的程度。它代表了活性污泥法与恒化器工艺相比对工艺强化的程度。对于恒化器工艺，例如氧化塘，其 SRT＝HRT。与活性污泥法不同，氧化塘工艺的处理水平非常依赖于 HRT。

对于一个 SRT 为 10d、HRT 为 6h 的典型的活性污泥法工艺来说，SRT/HRT 值为 40，即活性污泥生化池中的生物浓度可能比恒化反应器中预期的生物浓度高 40 倍。在本章后面的章节中将发现这个关系是很有用的。

如以下章节所示，即使考虑进水中的生物量，也就是接种效应时，生化池 HRT 仍然不会影响系统的硝化性能。然而，在物料平衡方程中包含进水中的生物量确实会带来有益的效果，由此推导而出的设计公式将可以表明进水氨氮浓度的影响。

4.1.2 对进水生物量的考虑

当进水中含有生物时，生物增效或接种效应就会发生。这在第 3 章 3.5.1 节中滴滤池（TF）/活性污泥组合工艺案例中讨论过：从滴滤池生物膜上脱落的硝化菌接种到下游的活性污泥工艺中，使得活性污泥工艺实现了在没有此类接种条件下不可能达到的硝化效果。生物池内生物膜的脱附和脱落也会具有接种效应，这在第 3 章 3.2 和 3.3 节的 IFAS 工艺案例中讨论过。从物料平衡的角度来看，在生化池的进水之中考虑接种生物相对比较容易，所以在接下来的章节中我们都将采用这一方法。但是由此推导而出的设计公式对上述两个案例同等有效。

1. 恒化反应器

在假定 $X_0 = 0$ 的条件下，将式（4-16）和式（4-8）代入式（4-1）时，V/Q 项很容易从物料平衡方程中得以消除。而当 $X_0 \neq 0$ 时，这些项就不能消除了，这使得采用解析法求解这些方程变得更加困难。

为了让物料平衡方程保持在可控的情况之下，我们采用以恒化反应器为基础来推导 $X_0 \neq 0$ 条件下的物料平衡方程。这将引出一个十分有用的假设，即 SRT＝HRT。由于 HRT 不影响出水氨氮，所以不管是假定恒化器还是完全混合活性污泥法（CMAS），得出的出水氨氮方程都将是相同的。因此，无论是基于恒化器还是基于完全混合活性污泥法的物料平衡都不会改变出水氨氮浓度公式。然而这一点不适用于生化池中的生物浓度公式。正如在对式（4-16）的讨论中所述（参见"对 HRT 和进水氨氮的不敏感性"），完全混合活性污泥法（CMAS）生化池里的硝化菌浓度是恒化器内浓度乘以 SRT/HRT 之比这一系数。

恒化反应器的工艺流程框图如图 4-2 所示。

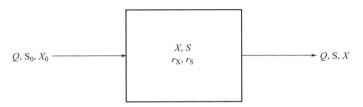

图 4-2　用于推导解析解的物料平衡示意图

基于完全混合活性污泥法（CMAS，如图 4-1 所示）以及恒化器（如图 4-2 所示）所推导的设计公式是等效的，这两者在 $X_0 \neq 0$ 条件下的等效性将以式（4-16）和式（4-18）为基准在下面的章节中加以证明。

2. 物料平衡方程

在恒化反应器里的基质 S 和生物量 X 的物料平衡如式（4-19）和式（4-20）所示。物料平衡的一般表达式为：进口总量－出口总量＋反应转化量＝累积量。

$$QS_0 - QS + r_S V = \frac{\mathrm{d}}{\mathrm{d}t} SV = 0 \tag{4-19}$$

$$Q_0 X_0 - QX + r_X V = \frac{\mathrm{d}}{\mathrm{d}t} XV = 0 \tag{4-20}$$

3. 引入 HRT 和 SRT

恒化反应器的 HRT 值等于反应器的体积 V 除以进水流量 Q：

$$\mathrm{HRT} = \frac{V}{Q} \tag{4-21}$$

恒化反应器的 SRT 值等于恒化器里的固体总量（XV）除以随出水流失的固体排放速率（QX）。由于 X 同时出现在分子和分母之中，所以计算 SRT 的公式看起来与计算 HRT 的公式是一样的，见式（4-22）：

$$\mathrm{SRT} = \frac{VX}{QX} = \frac{V}{Q} \tag{4-22}$$

为了在后面方程的推演中书写方便，将采用符号 τ 替代 V/Q 之比，而不是使用 SRT 或 HRT：

$$\tau = HRT = \frac{V}{Q} \tag{4-23}$$

采用 $\tau = V/Q$ 以及式（4-8）与式（4-9）所定义的 r_X 和 r_S，得到式（4-24）、式（4-25）：

$$\frac{S_0 - S}{\tau} = \frac{\mu X}{Y} \frac{S}{K_S + S} \tag{4-24}$$

$$\frac{X_0 - X}{\tau} = (\mu - b)X \frac{S}{K_S + S} \tag{4-25}$$

4. 推导设计公式的方法

在接下来的几节中推导 S 和 X 设计公式的方法，都是基于由式（4-24）和式（4-25）进行分离变量而得到的 X 的表达式。由于仍然含有未知变量 S，所以这些 X 的表达式本身是没有用的。但是这两个 X 的表达式可以互减，从而得出一个等于 0 的方程。这个方程由于只有一个未知变量 S，所以非常有用。采用一个符号数学解算器，例如 SymPy，就能够求解这个方程的根。

SymPy 是一种由 Python 编程语言发布的免费的符号计算库。符号数学编程的价值在于其允许采用符号来表示变量并代替数字进行运算。因此，我们可以先推导出 S 和 X 的设计公式，而在最后才对这些参数进行数值计算。如果没有 SymPy，将不可能推导出下面展示的设计公式。

5. 从 S 的物料平衡分离变量 X

根据式（4-24）分离变量 X，可得到式（4-26）：

$$X = \frac{Y(K_S S_0 + S(-K_S - S + S_0))}{S\mu\tau} \tag{4-26}$$

6. 从 X 的物料平衡分离变量 X

根据式（4-25）分离变量 X，可得到式（4-27）：

$$X = \frac{X_0(K_S + S)}{(K_S b\tau + K_S + Sb\tau - S\mu\tau + S)} \tag{4-27}$$

式（4-26）和式（4-27）中的变量 X_0、S_0、K_S、b、μ、τ 和 Y 要么是可测量的，要么是由工艺运行人员所设置的，否则就采用硝化菌的文献参数值。因此，在式（4-26）和式（4-27）中也就仅有 S 和 X 是未知数。

7. S 的解

对式（4-26）和式（4-27）所示的 X 的表达式进行互减可以得到一个新的方程。"X-X"自然等于零，见式（4-28）

$$\frac{Y(K_S S_0 + S(-K_S - S + S_0))}{S\mu\tau} - \frac{X_0(K_S + S)}{(K_S b\tau + K_S + Sb\tau - S\mu\tau + S)} = 0 \tag{4-28}$$

式（4-28）能够使用 SymPy 库中的"求解（solve）"功能得到 S 的解。注意，直接采用"求解"功能中的默认设置得到的解由式（4-29）所示。通过对默认设置进行调整，是可能获得更为简化的解的。

$$S = \frac{A - \sqrt{B}}{C} \tag{4-29}$$

式中　$A = K_S \tau Yb + K_S Y - S_0 \tau Yb + S_0 \tau Y\mu - S_0 Y + \tau X_0 \mu$

$$B = K_S^2 \tau^2 Y^2 b^2 + 2K_S^2 \tau Y^2 b + K_S^2 Y^2 + 2K_S S_0 \tau^2 Y^2 b^2 - 2K_S S_0 \tau Y^2 b\mu + 4K_S S_0 \tau Y^2 b - 2K_S$$
$$S_0 \tau Y^2 \mu + 2K_S S_0 Y^2 + 2K_S \tau^2 X_0 Yb\mu + 2K_S \tau X_0 Y\mu + S_0^2 \tau^2 Y^2 b^2 - 2S_0^2 \tau Y^2 b\mu + S_0^2 \tau Y^2 \mu^2 + 2$$
$$S_0^2 \tau Y^2 b - 2S_0^2 \tau Y^2 \mu + S_0^2 Y^2 - 2S_0 \tau^2 X_0 Yb\mu + 2S_0 \tau^2 X_0 Y\mu^2 - 2S_0 \tau X_0 Y\mu + \tau^2 X_0^2 \mu^2$$

$$C = 2Y[\tau(\mu - b) - 1]$$

式（4-29）是相当复杂的，由于这是基于非线性方程（4-28），所以这也是预料之中的事。与第 1 章所示的常用设计公式（1-1）相比，该公式几乎难以辨认。与式（1-1）和式（4-18）的分母 [SRT（$\mu - b$）－1] 相比（式中 SRT＝τ），至少式（4-29）的分母看起来有点熟悉。

然而，不要认为这个公式难以在实践中得到应用。把这个公式粘贴到电子表格中，将方程中的参数与相应的"命名单元格"的参数值对应起来，这样就使得使用该方程变得简单直接。

4.2 两种方法的比较

4.2.1 参数值

图 4-3 所示的结果是采用表 4-1 所示参数而得到的。

用于硝化菌物料平衡的化学计量和反应动力学参数 表 4-1

参数	数值	单位
$\hat{\mu}$	0.9	d^{-1}
b	0.17	d^{-1}
溶解氧（DO）	2	mg O_2/L
K_{DO}	0.25	mg O_2/L
K_S	0.7	mg N/L
θ_μ	1.073	[-]
θ_b	1.029	[-]

其中，溶解氧限制与温度对比生长速率和衰减速率的影响见式（4-30）：

$$\mu = \hat{\mu}_{20C} \frac{DO}{K_{DO} + DO} \theta_\mu^{T-20}$$
$$b = b_{20C} \theta_b^{T-20}$$

（4-30）

选用表 4-1 所示的参数，是因为该表中的参数为通常应用到活性污泥模型中的参数值。这些模型的应用将在下一章中更加深入地讨论。需要注意的是，在上面公式中再考虑氨氮限制的影响是不恰当的，这是因为氨氮限制的影响在式（4-8）和式（4-9）的 $S/(K_S + S)$ 项中已经考虑过了。

4.2.2 清零曲线

尽管式（4-18）和式（4-29）基于不同的物料平衡，但是对于 $X_0 = 0$ 条件下的预测是相同的。如图 4-3 所示，这两个方程的模拟结果是完全重叠的。然而，式（4-29）具有以下优势：

（1）变量 X_0 能够用于解释生物增效，即所谓的接种效应。这对于接种的硝化菌是来自于进水还是源于生化池内生物膜的脱落都是一样可行的。

（2）变量 S_0 可解释进水氨氮浓度的影响。

（3）与式（4-18）不同，式（4-29）描述了在临界泥龄或低于临界泥龄下的连续性。

式（4-29）不具有非连续性，也就是该方程的连续性的价值是值得特别提出的。当某个方程的输出是其他工艺计算的输入时，方程的非连续性会造成诸多困难。这在基于电子表格的设计工具中十分常见。由于式（1-1）在清零泥龄时是不连续的，所以该方程在设计工具中的使用会更加困难一些。

式（4-29）的功能将在第 5 章中通过与工艺模拟软件结果的比较来进一步加以演示。

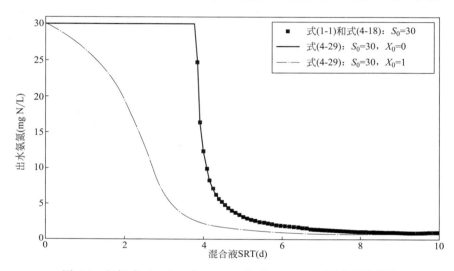

图 4-3　根据式（1-1）、式（4-18）和式（4-29）预测的清零曲线

4.3　设计公式

图 4-3 所示的曲线有力地证明了式（4-18）和式（4-29）两者的等同性，但是它们没有反映出用于接种的硝化菌是由于生物膜去除氨氮的结果这一事实。因此，更多的接种，也就是说更高的 X_0，务必伴随着更少的氨氮被混合液去除，即更低的 S_0。

以 3.5.1 节所描述的滴滤池/活性污泥组合工艺为例，其活性污泥段的进水 S_0 等于水厂进水的氨氮浓度（S_{Inf}）减掉被滴滤池去除的那部分氨氮（$F_{Nit,B} \times S_{Inf}$，$F_{Nit,B}$ 是生物膜去除氨氮的比例）。同理，对于 3.2 节和 3.3 节所描述的 IFAS 工艺，混合液的氨氮负荷将与进水氨氮浓度（S_{Inf}）和生物膜去除的氨氮负荷比例（$F_{Nit,B}$）直接相关。

生物膜去除的氨氮负荷比（$F_{Nit,B}$）、进水氨氮浓度（S_{Inf}）和 S_0 之间的关系如式（4-31）所示。进水氨氮浓度（S_{Inf}）是指整个组合工艺系统（无论是滴滤池/活性污泥组合工艺、IFAS 还是其他组合工艺）需要处理的氨氮浓度。S_0 是指在扣除生物膜去除的氨氮负荷比例（$F_{Nit,B}$）之后混合液需要去除的氨氮浓度。

$$S_0 = S_{Inf}(1 - F_{Nit,B}) \tag{4-31}$$

同时，接种到混合液中的硝化菌 X_0 可以根据生物膜去除的氨氮负荷比例（$F_{Nit,B}$）和生物膜脱落产率（$Y_{脱落}$）而定义如下：

$$X_0 = F_{Nit,B} S_{Inf} Y_{脱落} \tag{4-32}$$

S_{Inf}、$F_{Nit,B}$、$Y_{脱落}$、S_0 和 X_0 之间的关系如图 4-4 所示。

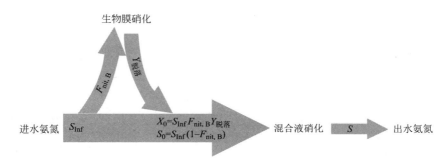

图 4-4　S_{Inf}、$F_{Nit,B}$、$Y_{脱落}$、S_0 和 X_0 之间的关系说明

利用式（4-31）和式（4-32）所定义的 S_0 和 X_0，式（4-29）可以用于比较在不同的生物膜氨氮去除比例（$F_{Nit,B}$）和不同的硝化菌脱落产率（$Y_{脱落}$）条件下的设计。

4.3.1　组合工艺的清零曲线

式（4-29）的作用并不在于预测确切的处理效果，而是在于确认一些关系和趋势。图 4-5、图 4-6、图 4-7、图 4-8、图 4-9 和图 4-10 所示的清零曲线给出了一些这样的例子。这些图对以下可能影响预计出水氨氮浓度的因素做出了解释：

（1）进水氨氮负荷被生物膜去除的比例（$F_{Nit,B}$）；

（2）从生物膜脱落的硝化微生物产率（$Y_{脱落}$）；

（3）10℃和 20℃的水温；

（4）进水氨氮浓度（S_{Inf}）。

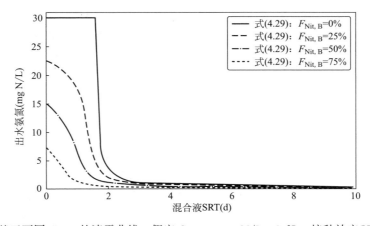

图 4-5　基于不同 $F_{Nit,B}$ 的清零曲线：假定 $S_{Inf} = 30$mg N/L，20℃，接种效应 $Y_{脱落} = 0.05$

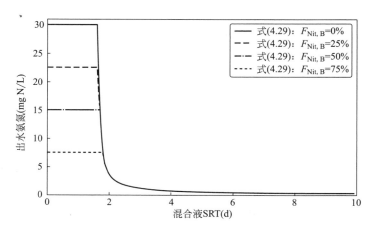

图 4-6　基于不同 $F_{Nit,B}$ 的清零曲线：假定 $S_{Inf}=30mg\ N/L$，20℃，无接种效应 $Y_{脱落}=0$

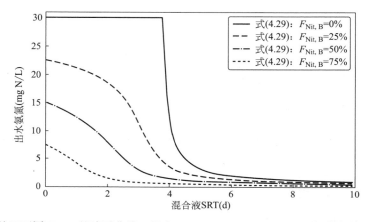

图 4-7　基于不同 $F_{Nit,B}$ 的清零曲线：假定 $S_{Inf}=30mg\ N/L$，10℃，接种效应 $Y_{脱落}=0.05$

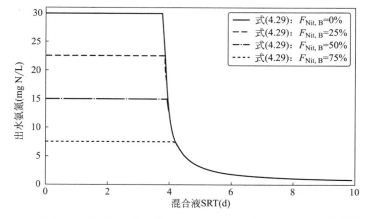

图 4-8　基于不同 $F_{Nit,B}$ 的清零曲线：假定 $S_{Inf}=30mg\ N/L$，10℃，无接种效应 $Y_{脱落}=0$

　　根据这些曲线得到的最为直接的一个信息，就是传统活性污泥工艺（$F_{Nit,B}=0$）和组合工艺（$F_{Nit,B}>0$）之间的出水氨氮差值在低泥龄时是最大的。这意味着组合工艺在低泥

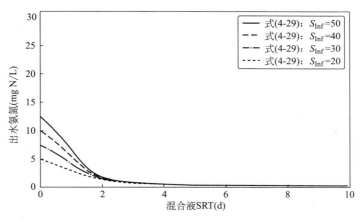

图 4-9　进水氨氮浓度 S_{Inf} 的灵敏度：假定生物膜去除 $F_{Nit,B}=75\%$，脱落产率 $Y_{脱落}=0.05$，水温 $10℃$

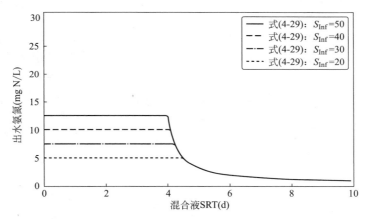

图 4-10　进水氨氮浓度 S_{Inf} 的灵敏度：假定生物膜去除 $F_{Nit,B}=75\%$，脱落产率 $Y_{脱落}=0$，水温 $10℃$

龄时的价值体现最大化，但这也只是把事情简单化的一个观点。如果对系统的处理效率或可靠性小小的改善就将决定一个污水处理厂能够达标或不达标，那么这个小小的改善就是非常有价值的。组合工艺系统在较长泥龄下运行的价值将在 4.3.4 节和第 6 章进一步探究。

接种效应的作用也能从比较 $Y_{脱落}=0$ 和 0.05 的清零曲线而得到确认，其中 $Y_{脱落}=0$ 是用于模拟完全没有接种效应的情况。根据这些比较，我们可以看到接种效应在低于、正好等于甚至高于清零泥龄时都可以强化组合工艺。只是其强化效果在清零泥龄时是最显著的，但是正如我们所讨论的，组合工艺的优势需要结合出水的处理目标来理解。

1. 硝化菌脱落产率（$Y_{脱落}$）

如第 3 章 3.5.1 节所讨论，硝化菌从生物膜脱落的产率（$Y_{脱落}$）与它们的生长产率（Y）、在生物膜内的停留时间（SRT_B）以及它们的衰减速率（b）有关。生长产率（Y）可以被认为是硝化菌的"内在"参数。从本质上来说，生长产率（Y）可以从硝化菌每一步分解与合成代谢的化学计量关系中导出，这些代谢步骤使得硝化菌利用氨氮、二氧化碳和其他原料成分为基础实现增长。

脱落产率（$Y_{脱落}$）近似于生物膜中硝化菌的观测产率。生长产率（Y）只考虑了生物生长进行合成代谢的能量要求，而脱落产率（$Y_{脱落}$）还额外考虑了在微生物生长后要求保持其新陈代谢活性的维护能耗。此外，脱落产率（$Y_{脱落}$）还包括了由于生物裂解和捕食等其他过程导致的生物膜中硝化菌的衰减量。微生物自身维护、裂解、高等生物的捕食以及其他任何可以导致硝化菌"衰减"的过程的影响都被集总于一个单一的衰减系数（b）。

$$Y_{脱落} = \frac{Y}{1 + bSRT_B} \tag{3-1}$$

式中　$Y_{脱落}$——与生物膜氨氮去除量相对应，从生物膜脱落或脱附至液相中的硝化菌产率；

　　　Y——在生物膜内与生物膜氨氮去除量相对应的硝化菌生长产率，有时也称为"真实"生长产率，mg COD/mg N；

　　　b——生物膜内硝化菌衰减速率，d^{-1}；

　　　SRT_B——生物膜内硝化菌停留时间，d。

在组合工艺中，生物增效或接种效应的好处是直观可见的。由物料平衡可知，如果硝化菌在生物膜中连续增长且生物膜厚度保持不变，那么脱落或脱附必然发生。但问题是脱落或脱附发生的程度是多少呢？脱落产率（$Y_{脱落}$）这一参数十分有用，这是因为该参数采用了接种到混合液中的硝化菌总量和生物膜中氨氮硝化的总量这两个量界定了接种效应。如式（3-1）所示，脱落产率（$Y_{脱落}$）的大小量级取决于生物膜中硝化菌的停留时间，即泥龄 SRT_B。虽然 SRT_B 本身不能由直接测量而得，但是与之相关的生物膜的厚度是能够测量的。模型显示，当生物膜厚度为 $500\mu m$ 或更薄些，SRT_B 假定为 $6\sim30d$ 是合理的。采用式（3-1）得到的脱落产率（$Y_{脱落}$）和生物膜停留时间（SRT_B）之间的关系如图 4-11 所示。

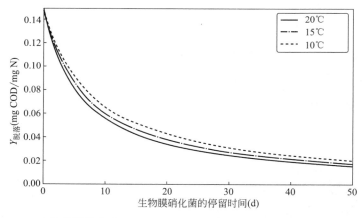

图 4-11　硝化菌脱落产率（$Y_{脱落}$）和生物膜停留时间（SRT_B）之间的关系

2. 理论清零泥龄

理论上的清零泥龄能够从图 4-6、图 4-8 和图 4-10 中水平线的拐点位置来确定。当实际运行泥龄低于清零泥龄时，混合液中就不会发生硝化反应。由于接种效应的影响（$Y_{脱落}=0.05$），图 4-5、图 4-7 和图 4-9 中没有显示出明显的清零泥龄。由这些图可以看出，在 20℃和 10℃的清零泥龄分别为略小于 2d 和大约 4d 左右。此外，清零泥龄也可以采用硝化菌净增长速率的倒数来计算，见式（4-33）：

$$\text{SRT}_{清零} = (\mu - b)^{-1} \tag{4-33}$$

代入式（4-30）所示的与溶解氧和温度相关联的 μ 的关系式，我们可以得到[①]：

$$\text{SRT}_{清零} = \left[0.9\text{d}^{-1} \frac{2\text{mg/L}}{0.25\text{mg/L} + 2\text{mg/L}} 1.072^{(20-20)} - 0.17\text{d}^{-1} \right]^{-1}$$

$$\text{SRT}_{清零} = 1.6\text{d}$$

我们也可比较图 4-7 所示的结果，该图显示 10℃时的清零泥龄在 4d 左右，而 10℃时的理论清零泥龄为：

$$\text{SRT}_{清零} = \left[0.9\text{d}^{-1} \frac{2\text{mg/L}}{0.25\text{mg/L} + 2\text{mg/L}} 1.072^{(10-20)} - 0.17\text{d}^{-1} \right]^{-1}$$

$$\text{SRT}_{清零} = 4.4\text{d}$$

4.3.2　最小泥龄曲线

另外一个利用式（4-28）的方式就是将出水氨氮浓度（S）视为固定的数值或目标参数，而将 SRT 或 τ 视为变量来求解。式（4-34）即为求解式（4-28）得到的 τ 的解。虽然都由式（4-28）推导而来，式（4-34）要比式（4-29）简单多了。然而，与 S 的解一样，τ 的解也显示了相同的非线性标志符号，就是说 τ 的解也是非线性的。

$$\tau = -Y \frac{K_S S - K_S S_0 + S^2 - SS_0}{K_S SYb - K_S S_0 Yb + S^2 Yb - S^2 Y\mu - SS_0 Yb + SS_0 Y\mu + SX_0 \mu} \tag{4-34}$$

式中　$S_0 = S_{\text{Inf}}(1 - F_{\text{Nit,B}})$

$X_0 = F_{\text{Nit,B}} S_{\text{Inf}} Y_{脱落}$

式（4-34）比式（4-29）更简单的原因，是在展开式（4-28）时，式（4-34）不需要对 S^2 项求根。更为重要的是，式（4-34）将 $F_{\text{Nit,B}}$ 与降低所需泥龄的量关联起来，使得评价组合工艺系统的好处更为直接。回想在第 1 章中所述的泥龄与所要求的生化池和二沉池容积之间的直接关系，所以通过计算组合工艺方案所带来的对"泥龄的节省（即降低）"，式（4-34）能够用于计算因此而减少的生化池和沉淀池的建设成本。

尽管式（4-34）表达了与式（4-29）相同的信息，但是它在自变量 S 的某些值上显示了非连续性。相反，式（4-29）对自变量 τ 的所有正值而言都是连续的，其中的原因是由于有一些出水 S 值不能仅仅通过 τ 的变化来得到解。

为了验证式（4-34），基于式（4-34）以及第 1 章中计算泥龄的常用式（1-2）所做的曲线如图 4-12 所示。对于式（4-34）在传统活性污泥工艺条件下，即 $F_{\text{Nit,B}} = 0$ 时的曲线与式（1-2）完美匹配。

图 4-12 表明，当出水氨氮目标值较高时，组合工艺系统能够大大降低泥龄，从而降低投资成本。如第 1 章讨论过的，当污水处理厂出水目标主要是基于毒性、需氧量和/或受纳水体具有较高的稀释容量时，较高的出水氨氮目标也是很常见的。

因为组合工艺系统倾向于采用几个预设的生物膜去除氨氮比例（$F_{\text{Nit,B}}$）来进行设计与比较，所以采用式（4-34）得到的以 $F_{\text{Nit,B}}$ 为函数的所需混合液泥龄曲线将会更有帮助。如图 4-13 所示，这些曲线在 10℃时显示为陡峭的直线，而在 15℃和 20℃时其斜率呈下降

---

① 译者注：原著计算过程有误，特更正。

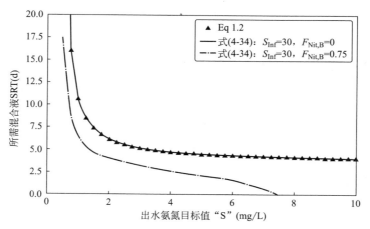

图 4-12　出水氨氮目标值与所需泥龄的关系：假定硝化菌脱落产率 $Y_{脱落}=0.05$，$F_{硝化B}=0$ 和 75%

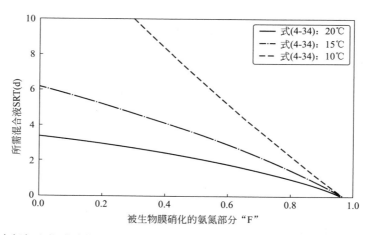

图 4-13　进水氨氮生物膜硝化比例 $F_{Nit,B}$ 与所需泥龄的关系：假定硝化菌脱落产率 $Y_{脱落}=0.05$

趋势。这表明当混合液硝化被压制时（此例中的压制因素为低温条件），组合工艺系统将表现出更大的优势。

式（4-34）是一个强大的工具，它可以用于快速地理解水温、进水氨氮浓度（S_{Inf}）、生物膜去除氨氮负荷比例（$F_{Nit,B}$）和接种效应（$Y_{脱落}$）对所需混合液泥龄的影响。虽然商业化模拟软件也已经能够用于获得相同的认识，但是会花费更长的时间。实际上这些设计公式和模拟软件是互补的。鉴于本章所示的设计公式只对简单的工艺配置是有效的，模拟软件能够帮助将图（4-12）所示的关系扩展到任何形式的工艺配置。

4.3.3　生物膜所需的氨氮去除比例

对式（4-34）所确定的所需泥龄、生物膜所去除的氨氮负荷比例（$F_{Nit,B}$）和目标的出水氨氮浓度（S）之间的关系进行重组能够得到独立变量 $F_{Nit,B}$。这可能是在回答下面这个问题时关于上述关系的更好的表述方式：在给定的泥龄条件下，生物膜需要去除多少氨氮（$F_{Nit,B}$）才能实现出水目标值？

$F_{\text{Nit,B}}$ 的解如式（4-35）所示：

$$F_{\text{Nit, B}} = \frac{-Y\left[K_S(S\tau b + S - \tau S_{Inf}b - S_{Inf}) + S(S\tau b - S\tau\mu + S - \tau S_{Inf}b + \tau S_{Inf}\mu - S_{Inf})\right]}{S_{Inf}(K_S\tau Yb + K_SY + S\tau Yb - S\tau Y\mu + S\tau Y_{脱落}\mu + SY)}$$

$$(4-35)$$

根据式（4-35）可以得到图 4-14～图 4-17，这些图表征了在给定泥龄条件下达到出水目标所需要的生物膜氨氮去除比例（$F_{\text{Nit,B}}$）。图 4-14 和图 4-15 假设较高的接种效应（$Y_{脱落}=0.05$），而图 4-16 和图 4-17 假设较低的接种效应（$Y_{脱落}=0.01$）。需要注意的是，由于式（4-35）在 $Y_{脱落}=0$ 时并没有定义，所以不能够由式（4-35）得出没有接种效应，即 $Y_{脱落}=0$ 时的曲线。

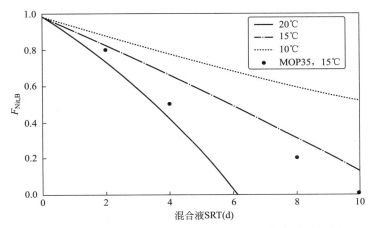

图 4-14　出水氨氮达到 0.5mg N/L 时生物膜所需的氨氮去除比例 $F_{\text{Nit,B}}$，
假定 $Y_{脱落}=0.05$ 时的接种效应

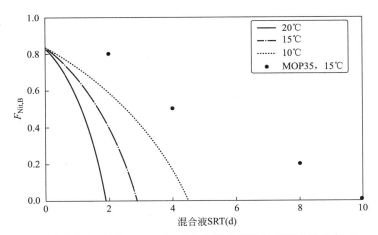

图 4-15　出水氨氮达到 5mg N/L 时生物膜上所需的氨氮去除比例 $F_{\text{Nit,B}}$，
假定 $Y_{脱落}=0.05$ 时的接种效应

图 4-14～图 4-17 所示的曲线能够以美国水环境联合会（WEF）关于生物膜反应器的设计手册（即 MOP 35）为标准来进行基准测试，MOP 35 给出了 15℃条件下的下列设计

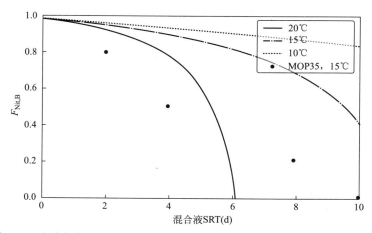

图 4-16　出水氨氮达到 0.5mg N/L 时生物膜上所需的氨氮去除比例 $F_{Nit,B}$，
假定 $Y_{脱落}＝0.01$ 时的接种效应

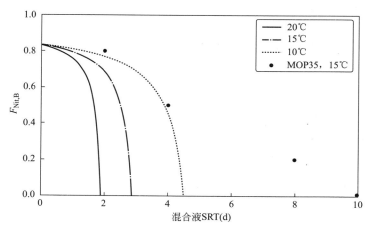

图 4-17　出水氨氮达到 5mg N/L 时生物膜上所需的氨氮去除比例 $F_{Nit,B}$，
假定 $Y_{脱落}＝0.01$ 时的接种效应

准则[9]：

（1）当混合液泥龄为 2d 时，要求生物膜实现 50% 的 COD 去除和 80% 的硝化，剩余部分由混合液去除；

（2）当混合液泥龄为 4d 时，要求生物膜实现 25% 的 COD 去除和 50% 的硝化，剩余部分由混合液去除；

（3）当混合液泥龄为 8d 时，要求生物膜实现 20% 的硝化，剩余部分由混合液去除。

式（4-35）与 MOP 35 设计指南最匹配的曲线为图 4-14 中假定 $Y_{脱落}＝0.05$ 和出水氨氮为 0.5mg N/L 时的曲线。在图 4-14 中，MOP 35 的点位于 15℃ 曲线之下，这表明假定更强的接种效应，即更高的 $Y_{脱落}$ 值可能会更恰当些。应注意的是，与 MOP 35 设计指南不同，式（4-35）并没有将生物膜对 COD 的去除和硝化反应关联起来。在本书中，我们始终假定硝化是组合工艺设计的限制过程，并且 $F_{Nit,B}$ 就是组合工艺设计的基础。此外，预测生物膜中 COD 去除和硝化的比例也超出了式（4-35）的范围：该比例会根据工艺配置和生物膜形式是同向扩散还是异向扩散而变化。在选择满足设计 $F_{Nit,B}$ 所需生物膜载体数量时，工艺工程师必须仔细地考虑这些因素。

除了以 MOP 35 设计指南为标准进行接种效应的基准测试之外，式（4-35）还能够用于表征组合工艺系统设计对出水氨氮目标的灵敏度。例如，当设计出水氨氮目标分别为 0.5mg N/L（如图 4-14 和图 4-16）和 5 mg N/L（如图 4-15 和图 4-17）时，其曲线的形状具有显著差异。图 4-15 和图 4-17 中非常陡峭的曲线表明只需要少量的生物膜硝化，即可帮助传统活性污泥污水处理厂在等于或接近清零泥龄时实现出水氨氮为 5mg N/L 的目标。然而，当泥龄低于清零泥龄值时，对生物膜硝化的需求会急剧增加。设计出水氨氮 5mg N/L 的目标对于工艺可靠性至关重要，尤其是在泥龄控制不是特别可靠的情况下更是如此。

比较图 4-14 和图 4-16 可知，当出水氨氮目标只有 0.5mg N/L 时，生物膜则需要承担相当大的去除负荷比例，同时需要更宽的泥龄范围。但是，工艺可能会比出水氨氮目标为 5mg N/L 的设计要稳定得多。

4.3.4　组合工艺对安全系数的强化

由基于图 4-5～图 4-10 所示的清零曲线可知，组合工艺的优势在等于或低于清零泥龄条件下运行时会更为显著。另外，其优势在出水氨氮目标浓度较高时也看起来更明显。这是否就意味着组合工艺在泥龄较长或出水氨氮目标浓度较低时提供的价值就很有限呢？

为了回答这个问题，先回顾在第 1 章所讨论的安全系数这个设计参数。常规设计依靠延长泥龄来获得所需的安全系数，这经常导致设计泥龄是图 1-1 所示清零曲线最初评估的泥龄值的 2 倍或 3 倍。其中的缘由已在第 1 章中图 1-2 阐明，即在较长的泥龄下运行可大幅增加系统内硝化菌的总量。较高的硝化菌总量意味着较高的硝化潜值（$R_{Nit,max/L}$），而硝化潜值（$R_{Nit,max/L}$）为系统潜在的最大硝化速率与待处理的氨氮负荷之比值。在组合工艺中也可以通过一些公式来计算这个比值，这些公式需要确定生物池内硝化菌总量（M_{AOB}）、这部分硝化菌的最大硝化速率（$A_{Nit,max}$）以及需要混合液处理的实际氨氮负荷（L_{ML}）。

如第 1 章式（1-4）所示，混合液中的硝化菌浓度可以根据混合液氨氮去除量（ΔS）并考虑增强倍数 SRT/HRT 来计算。然而对于组合工艺系统来说，混合液中硝化菌浓度还需要考虑通过生物膜脱落接种的硝化菌量 X_0，见式（4-36）：

$$X_{AOB} = \frac{SRT}{HRT} \frac{Y\Delta S + X_0}{1 + bSRT} \tag{4-36}$$

式中　$\Delta S = S_{Inf}(1 - F_{Nit,B}) - S$

$\quad\quad X_0 = F_{Nit,B} S_{Inf} Y_{脱落}$

同时再回顾一下式（4-29）中出水氨氮 S 的定义，混合液中硝化菌总量由此可以简单地用其浓度乘以生物池容积 V 来计算，见式（4-37）：

$$M_{AOB} = X_{AOB} V \tag{4-37}$$

硝化菌总量（M_{AOB}）的最大潜在活性可根据硝化菌的比活性来计算，硝化菌的比活

性为其比生长速率 μ 与其生长产率系数 Y 之比，见式（4-38）：

$$A_{\text{Nit, max}} = X_{\text{AOB}} \times \frac{\mu}{Y} \tag{4-38}$$

同时回顾一下混合液必须处理的氨氮负荷与生物膜去除部分之间的比例关系，见式（4-39）：

$$L_{\text{ML}} = QS_{\text{Inf}}(1 - F_{\text{Nit,B}}) \tag{4-39}$$

系统潜在的最大硝化速率与待处理的氨氮负荷之比值，即硝化潜值（$R_{\text{Nit,max/L}}$）因而可以通过采用混合液的最大潜在活性（$A_{\text{Nit,max}}$）除以混合液待处理的氨氮负荷（L_{ML}）来计算，见式（4-40）：

$$A_{\text{Nit, max/L}} = \frac{A_{\text{Nit, max}}}{L_{\text{ML}}} \tag{4-40}$$

通过将混合液最大潜在硝化活性和其必须处理的平均负荷关联起来，式（4-40）表示了混合液处理峰值负荷的能力。换言之，式（4-40）代表了混合液处理高于硝化菌总量通常所能处理的平均负荷的能力。这等同于第 1 章中图 1-2 所示的比值 $R_{\text{Nit,max/L}}$，只不过该比值是基于工艺模型软件所得到的结果。

基于式（4-40）的设计曲线如图 4-18 所示。图 4-18 展示了 $R_{\text{Nit,max/L}}$ 值是如何随混合液泥龄和生物膜氨氮去除比例（$F_{\text{Nit,B}}$）的增加而增加的。为了便于理解这些曲线，我们可以从评估没有生物膜（$F_{\text{Nit,B}}=0$）的传统案例开始。在这个案例中，在清零泥龄附近，即在 10℃ 条件下清零泥龄略低于 4d 时的 $R_{\text{Nit,max/L}}=1$。这意味着在 4d 泥龄下系统有足够的硝化菌去处理平均进水负荷，但不能处理更高的负荷，即无法处理进水氨氮的任何峰值负荷。在常规设计中，峰值负荷的处理能力是采用泥龄安全系数来实现的，泥龄从 4d 加倍到 8d 可以使 $R_{\text{Nit,max/L}}$ 从大约 1 增加到 1.8。作为对比，如果保持 4d 泥龄不变，生物膜氨氮去除比例从 0 增加到 50％～75％ 也能够实现 $R_{\text{Nit,max/L}}$ 从 1 增加到 1.8。如何解释这一点呢？如图 4-4 所示，组合工艺可以做两件事：

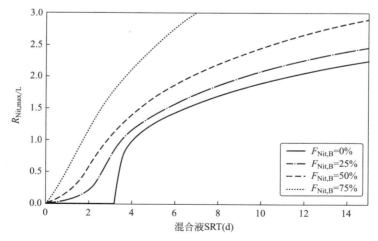

图 4-18　水温 10℃ 条件下硝化活性与混合液有效负荷之比

（1）通过生物膜去除一部分氨氮可以降低需要混合液去除的氨氮负荷。

（2）与传统活性污泥工艺一样，组合工艺混合液中的硝化菌总量会与其去除的氨氮负荷和泥龄成比例增加。另外，组合工艺还会从生物膜的"脱落"或脱附所致的生物增效或接种中获益。

图 4-18 利用 $R_{Nit,max/L}$ 说明了系统处理峰值负荷的能力是如何随着混合液泥龄和生物膜氨氮去除比例（$F_{Nit,B}$）这两个参数的增加而增加的。由于应对峰值负荷工况是应用安全系数的关键原因之一，图 4-18 表明了在混合工艺系统中如何通过增加 $F_{Nit,B}$ 来替代延长泥龄这一传统做法。

4.4　组合工艺是如何扩容的？

上述章节中展示了组合工艺的各种设计公式。组合工艺物料平衡有别于传统活性污泥工艺的原因包括：（1）一部分氨氮由生物膜来去除，也就是生物膜氨氮去除比例（$F_{Nit,B}$）所指的那部分氨氮负荷；（2）由生物膜的"脱落"或脱附所致的硝化菌产率，即 $Y_{脱落}$。这些设计公式有助于理解组合工艺系统是如何实现以下功能的：

（1）使硝化清零曲线平移和变平，如图 4-5～图 4-8 所示。

（2）对不同的进水氨氮浓度作出反应，如图 4-9～图 4-10 所示。

（3）降低所需的混合液泥龄而实现出水氨氮达标，如图 4-12～图 4-13 所示。

（4）依照 MOP 35 生物膜设计指南，使得降低混合液运行泥龄成为可能，如图 4-14～图 4-17 所示。

（5）提供一种应对峰值负荷工况的替代方法，即获得安全系数的替代方法，如图 4-18 所示。

组合工艺通过减少混合液硝化所需的泥龄来实现扩容的目的。在泥龄接近或低于清零泥龄运行时，使得在原本不可能的条件下实现硝化。而在泥龄高于清零泥龄运行时，主要好处是增加了相对于平均进水氨氮负荷所需的硝化菌总量，这也就是增加了混合液处理峰值负荷工况的能力。对于这两种案例而言，组合工艺都使得在原本不可能的较低的泥龄下运行成为可能。由于生化池和二沉池的大小与混合液泥龄和进水负荷直接相关，所以组合工艺（通过降低运行泥龄）提供了一种增加传统活性污泥有效处理规模的方法。

4.5　小结

本章所导出的设计公式如表 4-2 所示。通过与常规设计公式（当 $F_{Nit,B}$＝0％时的情况）和 MOP 35 生物膜设计指南（$F_{Nit,B}$＝20％，50％和70％）[9] 进行对比，证明了这些设计公式是有效的。在第 5 章中，我们将采用工艺模拟软件得到组合工艺稳态清零曲线，并与式（4-29）的结果进行比较来进一步地加以验证。在第 6 章中，我们将探索系统的动态模拟，用来支持式（4-40）在量化组合工艺改善其应对峰值负荷工况的能力方面的应用。

用于这些公式的典型的生物动力学参数如表 4-1 所示。这些公式的应用示例可在以下网址中找到：https：//intensifyingactivatedsludge.com/。

设计公式 表 4-2

计算出水氨氮浓度：

式(4-29)：$S = \dfrac{A - \sqrt{B}}{C}$

式中　$A = K_S \tau Yb + K_S Y - S_0 \tau Yb + S_0 \tau Y\mu - S_0 Y + \tau X_0 \mu$

$B = K_S^2 \tau^2 Y^2 b^2 + 2K_S^2 \tau Y^2 b + K_S^2 Y^2 + 2K_S S_0 \tau^2 Y^2 b^2 - 2K_S S_0 \tau^2 Y^2 b\mu + 4K_S S_0 \tau Y^2 b - 2K_S S_0 \tau Y^2 \mu + 2K_S S_0 Y^2 + 2K_S \tau^2 X_0 Yb\mu + 2K_S \tau X_0 Y\mu + S_0^2 \tau^2 Y^2 b^2 - 2S_0^2 \tau^2 Y^2 b\mu + S_0^2 \tau^2 Y^2 \mu^2 + 2S_0^2 \tau Y^2 b - 2S_0^2 \tau Y^2 \mu + S_0^2 Y^2 - 2S_0 \tau^2 X_0 Yb\mu + 2S_0 \tau^2 X_0 Y\mu^2 - 2S_0 \tau X_0 Y\mu + \tau^2 X_0^2 \mu^2$

$C = 2Y[\tau(\mu - b) - 1]$

计算硝化菌生长速率：

式(4-30)：$\mu = \hat{\mu}_{20C} \dfrac{DO}{K_{DO} + DO} \theta_\mu^{T-20}$

计算混合液需要去除的氨氮负荷：

式(4-31)：$S_0 = S_{Inf}(1 - F_{Nit,B})$

计算硝化菌接种量：

式(4-32)：$X_0 = F_{Nit,B} S_{Inf} Y_{脱落}$

计算生物膜硝化菌脱落产率：

式(3-1)：$Y_{脱落} = \dfrac{Y}{1 + bSRT_B}$

计算实现出水氨氮目标浓度(S)所需泥龄：

式(4-34)：$\tau = -Y \dfrac{K_S S - K_S S_0 + S^2 - SS_0}{K_S SYb - K_S S_0 Yb + S^2 Yb - S^2 Y\mu - SS_0 Yb + SS_0 Y\mu + SX_0 \mu}$

计算要求生物膜去除的氨氮负荷比例：

式(4-35)：$F_{Nit,B} = \dfrac{-Y[K_S(S\tau b + S - \tau S_{Inf} b - S_{Inf}) + S(S\tau b - S\tau \mu + S - \tau S_{Inf} b + \tau S_{Inf}\mu - S_{Inf})]}{S_{Inf}(K_S \tau Yb + K_S Y + S\tau Yb - S\tau Y\mu + S\tau Y_{脱落}\mu + SY)}$

计算组合工艺混合液中的硝化菌浓度：

式(4-36)：$X_{AOB} = \dfrac{SRT}{HRT} \dfrac{Y\Delta S + X_0}{1 + bSRT}$

计算混合液去除氨氮的浓度差：

$\Delta S = S_{Inf}(1 - F_{Nit,B}) - S$

计算混合液中的硝化菌总量：

式(4-37)：$M_{AOB} = X_{AOB} V$

计算混合液的最大硝化潜能：

式(4-38)：$A_{Nit,max} = X_{AOB} \times \dfrac{\mu}{Y}$

计算混合液中的氨氮负荷：

式(4-39)：$L_{ML} = QS_{Inf}(1 - F_{Nit,B})$

计算系统潜在的最大硝化速率与待处理的氨氮负荷之比值，即硝化潜值($R_{Nit,max/L}$)：

式(4-40)：$A_{Nit,max/L} = \dfrac{A_{Nit,max}}{L_{ML}}$

第 5 章 生物膜的软件模拟

第 4 章所列的设计公式对于评估组合工艺系统在某些条件范围内的灵敏度是有效的，但是其应用范围局限于其简化的暗含假设条件：即系统处于稳态条件并且系统由处于完全混合（CSTR）水力学条件下的单一池体构成。大多数实际案例都将显著偏离于这些假设，所以第 4 章的设计方程应该主要用于表征设计参数之间的相互关系和敏感度，而不是用于计算具体的数据结果。为了说明推流式工况、内回流、非曝气区以及全厂的动态变化等复杂情况，则需要依靠模拟软件。

本章的目的是概述如何利用工艺模拟软件模拟组合工艺系统。在强调这些模型良好的预测特性的同时，也会讨论这些模型面临的一些挑战。更具体一些，本章将讨论以下内容：

（1）一维模型：一维模型是所有商业化软件包的生物膜模型的共同基础。

（2）模型的等同性：采用简单案例，讨论一维模型的预测和第 4 章设计公式的预测之间的等同性。

（3）一维模型最有用的预测：包括建立生物膜硝化的必备条件、硝化菌脱落对混合液的影响、系统对峰值负荷的动态反应，以及通过结合生物膜表面脱附以及生物膜"内部固体交换"① 对生物膜脱落这一现象的间接模拟。

5.1 生物膜模拟方法

5.1.1 生物膜模型的历史

Horn 和 Lackner 在他们的"生物膜系统模拟回顾"一文中提到：与悬浮生长系统相比，模拟生物膜的挑战与其基质浓度梯度相关[13]。需要补充的一点是，对于组合工艺系统来说，同等重要的挑战还包括如何量化生物膜和混合液之间的相互作用。虽然混合液剩余污泥的排放量及其泥龄都可以很容易地进行测量并定量，而测量生物膜脱落和/或脱附到混合液的脱落速率和/或脱附速率就会充满更多挑战。工程实践上，生物膜厚度可以通过混合搅拌或曝气擦洗的剪切力来控制，但是任何脱落或脱附速率的试验量化的最好结果也只能是近似的结果：对生物膜的控制并非像控制剩余污泥泵那么直接或精确的。

根据 Horn 和 Lackner 的说法，生物膜模拟始于 20 世纪 70 年代的简单一维模型[13]。这些模拟结果的质量在考虑混合液与生物膜界面的传质以及载体表面生物的脱附之后而得以改善。到了 20 世纪 90 年代，通过采用多菌种模型，并考虑自养硝化菌和异养菌在生物

---

① 译者注：内部固体是指生物膜内部的微生物及其他有机或无机的颗粒固体物质。

膜基层和外层之间的分层，一维生物膜模型因此日趋成熟[35]。这显著提高了生物膜模型对生物膜内各类物质通量和生物膜长期表现行为的预测能力。

为了更理想地预测生物膜表面结构，二维模型和三维模型在 20 世纪 90 年代应运而生。此外，这些模型开始在生物膜结构中包括了胞外聚合物（EPS）。最近的模型开发研究更多地关注于剪切力的计算，据称这有利于更有效地预测生物膜的表面脱附及其三维结构。与此同时，有关生物膜弹性如何影响生物膜对剪切力的阻抗的探讨也在进行之中。总体来说，研究者们的努力主要集中在增加生物膜模型的描述能力，而模型对工程系统的预测能力的改善则大多仍然未经证实。对于这点的简单解释就是这些模型还没有被工程界普遍采用。

目前，从事生物膜模型开发的研究机构的研究大多与实际应用脱节。然而遗憾的是，只有实际应用才可能告知研究人员生物膜的哪些表征是与工艺运行的效果密切相关的。从工程界从业者的角度来看，生物膜模型研究者的近期工作可以总结如下：

模型的复杂度增加

↓

模型的描述能力增强

↓

模型在工程应用中的预测能力无法证实

5.1.2 生物膜模型的最新进展

近 20 年来，在生物膜模拟方面的研究及其进展是不可否认的，但是商业化工艺模拟软件仍旧停留在 20 世纪 90 年代开发的一维模型的基础之上。因而也只有一维模型是经过"现场测试"的。正如 Takacs 在 2007 年发表文章解释的那样，由于二维模型需要大量的运算时间，更不用说三维模型了，这对于每天的工程应用来说是不切实际的。事实上，即使是一维模型的模拟也可能需要很高的运算强度，因此在很多情况下一维模型的模拟也比同类悬浮生长模型的模拟要花费高于 10 倍以上的时间。

然而，即使模拟时间的问题可以克服，与现有一维模型相比，二维和三维模型所带来的附加价值也并不多。模型的复杂度越高并不意味着其预测能力越强。最新的三维模型或许可以大大提高生物膜结构的分辨率，但是离捕捉工程化活性污泥系统中生物膜的不均匀性和复杂性还很远。

例如，如果有人考虑组合工艺中生物膜的脱附和脱落，那么他们就有理由质疑三维模型是否真的能够比一维模型具有更高的预测能力。即使三维模型能够准确描述控制这些工艺过程的参数和机理，但是模型模拟所需的输入数据也很有可能难以获得。这将在下面几节中进一步详细讨论。

1. BOD 负荷

BOD 负荷可以提高异养菌的增长，从而导致在与自养菌争夺生物膜内可用氧气和空间的竞争中异养菌会胜出。此外，BOD 负荷还可能导致更厚的生物膜，使得进入生物膜内层的扩散阻力增加，而生物膜内层更适合硝化菌生长。在非常高的异养菌生长速率的条件下，产生于生物膜中的胞外聚合物（EPS）和其他黏性物质的比例也会相应增加。这种黏性物质被认为更可能抵制冲刷，从而导致生物膜过厚甚至发生载体"桥联"现象，即载体粘连在一起的情况。

进水 BOD 负荷就其本身而言是高度变化的，且很难表征。另外，生物膜面对的 BOD 负荷也还依赖于其周围混合液的活性。到底有多少进水 BOD 会被混合液去除或吸附呢？混合液絮体副产物，无论是颗粒的还是溶解性的，会不会粘附到生物膜或以其他方式影响生物膜的组成？最新的 ASM 生物动力学模型还不能很好地回答这些问题，因而影响了组合工艺模型的预测能力。

2. 混合

工艺模型的一个标志性特点就是采用完全混合模块或者是系列完全混合模块来描述生化池、生物膜层或其他相关区域之间的液相运动。当非理想流态、潜在的死水区以及生物膜表面擦洗强度的不均匀分布等都不是工艺运行效果的主导或控制因素时，上述的建模策略是有效的。但如果情况不是这样，计算流体动力学（CFD）及其相关技术有可能能够提供一些附加价值。CFD 模型利用基本原理来描述重要的物理过程，但即使考虑各相（液相、固相和气泡）之间的相互影响，至少也可以说是个棘手的难题。这些模型仍然依赖经验公式来描述界面行为，而这些经验公式则要求用数据来校准。

在工程化系统中，对生物膜的观察经常会提供微观和宏观两种分布状况。简单来说，生物膜在整个载体表面的分布是不均匀的，然而一维模型却是按均匀分布来处理的。一维模型只考虑了生物膜厚度方向的不均匀性。如果二维或者三维模型能够模拟生物膜的实际分布状况对工艺运行效果的影响，这也许能够证实它们比一维模型更有用。但是，为校准模型从而实现模型的日常应用所需的数据的收集工作，可能是令人望而却步的。

3. 进水污水特性

进水 BOD 和 TSS 由颗粒的、溶解性的以及胶体物质组成，它们可能是可生物降解的或不可生物降解的、也可能是有机的或无机的。这些组分每天、每周的相对比例随着居民、商业和工业活动时间表的变化而变化。进水溶解性可生物降解物质，即易生物降解 COD，会更有可能影响生物膜的行为特性及其对氧气的利用，但是这还取决于生物膜在工艺系统中的安装位置。碎屑和小颗粒物的存在，例如纺织纤维，有可能会粘附到生物膜上而造成扩散障碍。

鉴于对生物膜行为特性的影响，进水污水特性是任何工艺模型至关重要的输入信息。一般来说，比较复杂的模型也将需要比较复杂的进水特性模型。在实践中，能够得到保障的模型的复杂度，往往是受限于可利用的进水水质数据。很多污水处理厂仅仅记录进水的 BOD_5 和 TSS 数据。

4. 高级生物

在生物膜中会产生大量原生动物和线虫类生物。尽管有未经证实的证据表明这些高级生物对生物膜的过度"吞噬"有损于硝化速率，但是在大多数设计手册中它们对工艺动力学的影响都是被忽略的。ASM 类的生物反应动力学模型仅明确说明了细菌的生长，而将其他形式的活动通过模型校正的形式归并到异养菌，所以 ASM 模型中异养菌的衰减速率就包括了原生动物的吞噬作用。

5.1.3　用于稳健设计的稳健模型

对于生物膜工艺系统来说，一个稳健的设计是指尽管会出现超出操作人员控制能力或模型开发者量化能力之外的众多变化因素，但是生物膜的擦洗能量都能够维持可接受的生物膜厚度。一个操作人员最多希望能够得到一些反馈信号，从而知道什么时候工艺需要调整。基于这个理念，稳健模型不需要描述生物膜里面发生的每一个可能的细节，而只需描述稳健设计中的主导工艺和机理。

当考虑一个工艺模型的稳健性时，建议记住模型能够预测好的或者预测足够好而可以满足模型研究目的的参数清单和模型预测不足或者根本就不能预测的参数清单。对于组合工艺系统，实际上需要考虑两种模型的预测能力：生物动力学模型和传质模型。ASM 类的生物动力学模型通常被用来描述硝化菌和异养菌之间的竞争关系，而一维模型则是生物膜内部结构和传质过程的行业标准。现将一些 ASM 类模型预测的强弱指标列表如下，当然这绝不是所有的指标。

ASM 模型预测：

好的或足够好的指标	不足或根本就不能预测的指标
——污泥产量 ——需氧量 ——代表硝化活性的硝化菌量 ——动态负荷下的硝化反应速率的变化	——NOB 抑制 ——水解动力学 ——BOD 去除动力学

采用类似的方式，一维生物膜模型预测的强弱指标列表如下。

一维生物膜模型预测：

好的或足够好的指标	不足或根本就不能预测的指标
——载体表面垂直方向的生物膜分层 ——表面脱附和侵蚀 ——生物膜厚度、干固体含量和平均生物膜泥龄	——载体表面平行方向的生物膜变化 ——脱落 ——单一物种的生物膜泥龄

这些列表只是为了引发思考，其内容及相关论述能够成为无休止的讨论和辩论的主题。例如，有人会质疑一维模型是否真的很好地提供了对生物膜厚度的预测，抑或是一维模型对生物膜厚度的预测是否需要根据具体案例的混合搅拌和擦洗能量来进行校准。然后工艺模型的数值才能够基于用户定义的生物膜厚度和 BOD 负荷来计算生物膜泥龄和脱落产率系数（$Y_{脱落}$）。

5.1.4　简化模型

本章的一个主要论点是，使用只对最基本的和最相关的工艺行为做出解释的简化模型收获已经很多。简化模型比复杂模型能够以更直接易懂的方式来完成对这些工艺行为做出解释。举个例子，在稳态条件下一维生物膜模型的预测能力与双室模型是非常相似的（参见图 5-1）。这个双室模型就是对简约模型的一种尝试，简约模型通常只包括达到预测所需行为特性的最少机理数量。

1. 模型的直观性

如图 5-1 所示，为了校正双室模型，用户可通过调节进入生物膜区的流量来选取生物膜硝化速率，同时通过调节硝化菌从生物膜返回到混合液的流量来选取生物膜的接种效应，即 $Y_{脱落}$。双室模型不能够预测这两项生物膜特性中的任何一项，可是一旦校正后，生

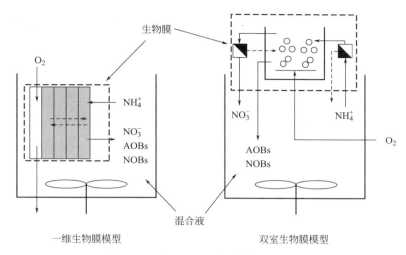

图 5-1 一维和双室生物膜模型的示意图

物膜对混合液以及整体工艺效果的影响就可以通过该模型进行有效的计算。

由于硝化速率和接种效应是组合工艺大多数案例中最关键的两个生物膜特性，所以它们理应获得特别关注。与一维模型不同，双室模型明确地选取这两个生物膜特性的量级，而这两个特性在一维模型中则是生物膜层中多重互动所致的综合结果。双室模型在利用模型设计时可能会更可取。例如，硝化速率常常作为一项基础设计参数，早在中试期间就已经定量，有时甚至由工艺设备供应商提供担保。因此，双室模型允许硝化速率在所有模拟运行中被固定是非常有用的。

尽管硝化速率和接种效应是一维生物膜模型中生物膜的综合属性，但是难以确定它们的量级。这通常需要对生物膜反应器区进行物料平衡计算，然后尝试解析生物膜和混合液对氨氮去除与硝化菌生长的相对贡献。对于大多数商业化模拟软件来说，这可能要求用户建立电子表格来计算，是个费时费力的工作。然而，如果不能够定量生物膜硝化速率及其接种效应，那么生物膜对整个组合工艺系统的影响就无法一目了然。就模型的直观性而言，在许多案例中双室模型相比一维模型可能是一个更好的选择。

2. 模型易于执行

当现有软件包中没有被研究的生物膜工艺模块，或者在采用默认的一维模型模拟某工艺流程时由于计算太密集而耗时过长的情况下，双室模型还有易于实施这个优点。

最为简化的简约模型可能会是一张简单的可查表格或者是一条关联通量与某一工艺条件的设计曲线。此类例子可参考 Hem 和 Rusten 等人发表的通量曲线[11,26]。简约模型的目标及其优点可以表述如下：

确认生物膜目标特性

↓

加入预测该特性必需的机理或关系式

↓

易于评估对工程系统的预测

包含在大多数商业化模拟软件中的一维模型都不是简约模型。这些一维模型描述性很强，也相当的复杂，在很多情况下其模拟速度十分缓慢且难以校正。尽管如此，工程师们由于看重一维模型复杂性所带来的附加描述能力而忍受这些困难。一维模型还有助于理解生物膜"黑匣子"里面到底在发生什么。同时，基于需要评价的工艺工况的范围，事先总是很难知道模型需要预测哪种行为特性。因此，有人或许会主张最好有一个能够预测尽可能多行为特性的模型，事后从中整理出哪些是重要的。

然而，如本章后面所讲，一维模型的使用有可能会产生风险，这要求我们仔细理解参数的校正及其对生物膜综合属性的影响，尤其是对硝化速率、生物膜厚度，以及从生物膜脱落的硝化菌产率（$Y_{脱落}$）的影响。

5.2 模拟软件的执行

5.2.1 一维模型

如图 5-1 所示，一维模型将生物膜分成 4 层，用 4 个隔室来表示，混合液用另一个隔室来表示。溶解物在液相和生物膜层之间的交换采用基于 Fick 定律的扩散速率来计算。这是基于基本原理的方法，并以本质上相同的方式应用于所有商业化工艺软件包。

与溶解性物质的传质不同，一维模型中的微生物和其他颗粒性物质在生物膜和液相之间的运动没有完善的基本原理的理论基础。在实际中，生物膜的脱落能够在某一位置的生物膜的底层上发生。对于这类脱落，在这位置上的所有生物膜都将与支撑载体分离。生物膜的脱落也可能只发生在生物膜的局部位置，并不会对整个生物膜的生物量造成深层影响。这类脱落也只是局部现象。

然而在一维模型里没有"局部"区域这个概念，生物膜只具有单一均匀的表面。因此，脱落现象将应用于作为一个整体的生物膜，这对于系统的工艺效果将是灾难性的，这是因为对脱落现象的模拟将导致所有生物膜将在同一时间内脱落。基于这个原因，商业化一维生物膜模型只对表面脱附进行了模拟。除了不能模拟脱落之外，只对表面脱附进行模拟还引入了一个问题：即那些处于表面脱附层之内的生物膜内层将如何更新其颗粒成分。如果没有任何机理去"更新其颗粒成分"，这些内层将完全由生物衰亡的惰性残留物所填满，那么就将只有生物膜外层提供一些生物活性。

商业化工艺模型软件采用一系列不同的方法来解决这个问题，这包括采用"内部固体交换速率"或"固体移动因子"。然而，这些参数的影响在其商业软件的帮助文件里要么没有解释，即使有解释，解释的也不清楚。现将这些参数的影响总结归纳如下：

（1）较高的内部交换速率将导致生物膜分层不明显。这对于生物膜期望包括硝化层和反硝化层的模拟来说是不利的。

（2）较高的内部交换速率将提高微生物从内层转移到表层的速率，从而得以脱附。这对于模拟频繁脱落现象的影响效果是有帮助的，因为在脱落过程中所有生物膜层内的微生物都将脱附。

（3）较低的内部交换速率将导致较强的生物膜分层，但会造成内层微生物较低的脱附速率。

5.2.2 双室模型

如图 5-1 所示的双室模型，其模型简约化得以实现是因为该模型通过采用最少的工艺过程来量化：（1）进入生物膜的氨氮通量，例如硝化速率；（2）从生物膜返回到混合液的硝化菌接种效应，或者脱落速率（$Y_{脱落}$）。当下面某种情况适用时，双室模型很可能会成为一维模型很好的替代品：

（1）模拟平台还没有待模拟的工艺或技术的专属模块。

（2）采用一维模型模拟耗时过长。经验表明，在对组合生物膜工艺系统进行动态模拟时，耗时过长有时确实是个问题。

（3）用户想直接控制进入生物膜的氨氮通量并通过脱附产率（$Y_{脱落}$）来确定接种效应。

尽管通过校正一维模型来实现预期的氨氮通量和接种效应或许可能，但是在实践中这将非常耗时，甚至是不切实际的。

5.2.3 一维模型和双室模型的等效性

1. 双室模型的应用

图 5-2 对比了在单一完全混合池内装填与不装填 MBBR 载体条件下的硝化清零曲线。这些硝化清零曲线的数据基于采用一维模型、双室模型和式（4-29）的模拟结果，图 5-2 表明了各个模型方法之间的等效性。

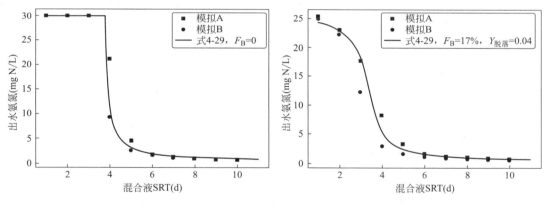

图 5-2 采用一维模型、双室模型和式（4-29）模拟的清零曲线的比较

在使用第三个模拟软件包，即模拟软件 C 的过程中，在最初采用模型默认参数模拟时产生了完全不同的清零曲线，这一曲线在图 5-3 中采用"默认参数"表示，该曲线表明了组合工艺的处理效果在高于清零泥龄时会比传统活性污泥法工艺差。导致这个结果的原因是模拟软件 C 能够模拟混合液污泥粘附于生物膜这一过程，并且混合液污泥浓度越高，其粘附速率也越高。因此当混合液污泥浓度较高时，模拟软件 C 预测的生物膜厚度会过厚。一般来说，$500\mu m$ 厚的生物膜就认为太厚了。图 5-3 中在泥龄大于 5d 时，生物膜厚度达到 $1000\mu m$ 甚至更高，这在实际工程中是不太可能发生的。

当生物膜厚度极高时，模拟软件 C 实际上预测了一个负的 $Y_{脱落}$ 数值，即负的接种效应（混合液污泥的粘附大于生物膜的脱附）。这一生物膜模型导致的结果是不现实的，是模型中有关粘附与脱附的设置造成的伪现象。如图 5-3 所示，模拟软件 C 能够通过式（4-29）选择较低的默认粘附速率来进行校准。这也有利于把生物膜厚度维持在一个更合理的范围之内。双室模型的一个重要优势在于不需要这一步校准，而这一步校准在进行多

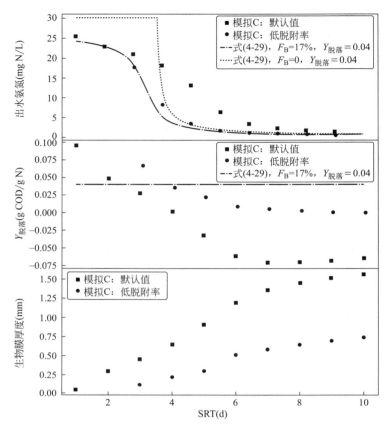

图 5-3   接种效应与生物膜厚度的变量关系

种运行工况的模拟时是极其繁琐的。

2. 一维模型的应用

如上所述，双室模型能提供与一维模型相当的预测，并且在使用时模拟速度更快、模型本身也更简单透明。然而，在很多情况下，采用一维模型仍然是更佳的选择。例如，当大部分氨氮的去除在生物膜内发生时，图 5-1 所示的双室模型可能要求非常高的发生在混合液和生物膜两室之间的液体传输流量。当这一流量较低时，采用该流量模拟进入生物膜的扩散过程是可以接受的模型简化方法，但是当该流量很高时就可能不能接受了。

对于动态模拟，由于生物膜硝化速率随氨氮负荷、BOD 负荷或其他参数的变化而变化，一维模型也可能比双室模型更合适。这一点将在下一章中详细论述。

5.3   生物动力学模型

1. ASM 模型对絮体和生物膜的模拟

所谓的 ASM 生物动力学模型，最早开发是为了预测具有单一污泥形态的活性污泥工艺的污泥产量、氧气利用率和硝化速率[12]。多年来，这些模型得到大量的扩展，甚至被用于生物膜内的生物学模拟。然而，不是所有适合活性污泥絮体的模型假设条件都适用于生物膜。生物膜具有其独特的特性：例如，生物膜更有可能含有大量的不同种类的高等生物如原生动物和线虫类，其胞外聚合物 EPS 的含量也可能不同。ASM 模型并不包括模拟这些高等生物活性的相应的状态变量，而这些高等生物的活性是被间接地加以考虑或者说是被"一起并入到"异养菌的内源衰减速率和内源产率之中。鉴于这一点，有人可能希望采用不同的参数设置来分别表征混合液絮体和生物膜的内源衰减。这一点不管是对或是错，目前最好的组合工艺系统模型仍然是采用相同的参数设置来表征生物膜和混合液内的微生物。

ASM 模型在生物膜中的应用也可能在关于使用 Monod 公式中的半饱和浓度而受到质疑。对于硝化，这些半饱和浓度的目的就是为了说明氨氮和氧气在什么条件下变成反应速率的限制因素。由于 ASM 模型没有传质模型来直接模拟扩散过程，所以 ASM 模型中的半饱和系数实际上间接地包含了絮体中某种程度的扩散传质限制（与生物膜不同，一般都认为对絮体进行一维结构模拟并考虑传质限制是没有必要的）。例如在表 5-1 中，三种主要工艺模拟软件包所采用的硝化半饱和系数都为 0.7mg N/L，而采用纯化的硝化细菌进行的实验研究表明氨氮在其浓度不低于 0.1mg N/L 之前都不会成为硝化速率限制因素。在 ASM 模型中采用较高的半饱和系数就是为了考虑进入混合液絮体的扩散阻力。在一维生物膜模型中采用相同的半饱和系数意味着"双重计数"，这是因为一维生物膜模型已经包括了对扩散阻力的模拟。

代表性模拟软件主要硝化生物动力学参数比较　　　　　　　　表 5-1

参数	单位	模拟软件 A	模拟软件 B	模拟软件 C
μ	d^{-1}	0.9	0.9	0.9
b	d^{-1}	0.17	0.17	0.15
Y	d^{-1}	0.15	0.18	0.15
K_N	mg N/L	0.7	0.7	0.7
K_{DO}	mg O_2/L	0.25	0.25	0.25
θ_μ	—	1.072	1.072	1.072
θ_b	—	1.029	1.029	1.03

2. 异养菌和硝化菌

ASM 模型中的两种主要微生物组群为异养菌和硝化菌。在生物膜中考虑异养菌是十分有用的，这将把异养菌与硝化菌在氧气与空间上的竞争联系起来。过高的异养菌活性将抑制生物膜的硝化作用。本书的生物膜模型主要关注于理解当异养菌的竞争不是主要问题时的硝化动力学。目前最新的商业化模拟软件都采用两步硝化模型。尽管也可能有一步硝化模型，但是在大多数情况下软件开发者都不会推荐采用一步硝化模型。

3. 一步和两步硝化模型

ASM 模型最初发表的文献总是把氨氮氧化菌（AOBs）和亚硝酸盐氧化菌（NOBs）合并在一起而采用一步硝化模型[12]。AOBs 和 NOBs 通常被统称为"硝化菌"或"自养菌"，而不是分别对待。从一步硝化模型到两步硝化模型的转变是近些年的事，完全是由于短程氮去除技术的商业化而引起的。在短程氮去除过程中，NOBs 的活动被抑制。由于短程氮去除技术可节省能耗和碳源，所以快速成为处理高浓度氨氮废水的首选策略。

重要的一点是，我们需要知道在氨氮浓度和温度都很高的废水中实现 NOB 的抑制是相对容易的，但在氨氮浓度和温度都很低的主流活性污泥工艺的典型工况条件下 NOB 的抑制是相当困难的。然而，两步硝化模型在两种情况下的模拟都很容易实现 NOB 的抑制模拟。基于这个原因，在使用两步硝化模型时要特别小心，在模拟运行之后，需要对 AOBs 和 NOBs 的相对含量进行验证，从而评估 NOB 是否被抑制了。如果是的话，那么就值得去思考这在实际情况下是否是真的会发生或者只是有可能会发生。

上面的考虑在模拟氧气限制的生物膜硝化时尤其重要。硝化到亚硝酸盐（NO_2^-）的化学反应需氧量比完全硝化到硝酸盐（NO_3^-）要低 25%。如下面反应方程式所示，模型可基于化学反应比为 3.43mg O_2/mg NH_4^+-N 或者（3.43＋1.14）＝4.57mg O_2/mg NH_4^+-N 来计算氧气的利用。在氧气限制的条件下，如果一个模型模拟实现了 NOB 的抑制，也就是硝化止步于亚硝酸盐，这将导致该模型比完全硝化到硝酸盐的模型高 25% 的硝化速率。

$$NH_4^+ + \frac{3}{2}O_2 \xrightarrow{3.43mgO_2/mgN} NO_2^- + H_2O + 2H^+$$

$$NO_2^- + \frac{1}{2}O_2 \xrightarrow{1.14mgO_2/mgN} NO_3^-$$

表 5-1 显示了模拟软件 A、B 和 C 进行硝化模拟的默认生物动力学参数。除了有一些小小的差异之外，这些主要的软件提供商都采用相同的模型结构和参数值。

5.4 MABR 中的氧气传质

在传统载体支撑的生物膜中，氨氮和氧气从液相到生物膜中是"同向扩散"。在 MABR 生物膜中，氨氮仍然从液相扩散到生物膜中，而氧气源于载体内腔，是从生物膜内部向外部液相中的"异向扩散"。

建立异向扩散生物膜与传统的同向扩散生物膜模型大同小异。这只需要在生物膜底层引入一个正的氧气梯度。从 MABR 载体到生物膜的氧气传质的计算可以采用不同的方法。在以下两节中将概述"基于压力"和"基于尾气氧气含量"这两个模型。值得一提的是，"通量"是用来表征物质进出生物膜的量的模型术语，因此本书其他地方所指的氧传递速率（OTR）在以下几节中将被称为氧通量（J_{O_2}）。

5.4.1 基于压力的模型

Cote 在其"无气泡"曝气膜传质的开创性研究中描述了基于压力的模型[14]。如式（5-1）所示，氧气进入生物膜的通量 J_{O_2} 是根据 MABR 载体进出口的压力差 $\left(\frac{P_{in}}{H} - \frac{P_{out}}{H}\right)$ 和氧气进入生物膜的驱动力之间的比值来计算的（这个比值在 Cote 的原文中被称为对数平均驱动力）。这个驱动力是生物膜底层氧气浓度、液相中氧气浓度 C_L 以及进出口氧气分压的函数。

$$J_{O_2} = K \frac{\left(\dfrac{P_{in}}{H} - \dfrac{P_{out}}{H}\right)}{\ln\left(\dfrac{\dfrac{P_{in}}{H} - C_L}{\dfrac{P_{out}}{H} - C_L}\right)} \tag{5-1}$$

式中　　J_{O_2}——氧气通量，$ML^{-2}T^{-1}$；

　　　K——传质系数，LT^{-1}；

　　　P_{in}——氧气的进口分压，$ML^{-1}T^{-2}$；

　　　P_{out}——氧气的出口分压，$ML^{-1}T^{-2}$；

　　　H——亨利（Henry）常数，L^2T^{-2}；

　　　C_L——液相中氧气浓度，ML^{-3}。

在式（5-1）中，最不确定并对通量影响最大的参数是生物膜底层的氧气浓度 C_L。传质系数 K 是 MABR 载体的物理特性，应该是已知的，而载体的进出口氧气分压也易于测量。但是，载体底层的氧气浓度在大多数实际应用中是无法测量的，它是生物膜中微生物呼吸作用对氧气所产生的"拉力"和载体内腔的氧气分压对氧气所施加的"推力"的函数。由于氧气通量 J_{O_2} 自身是 C_L 的函数，所以式（5-1）的求解需要迭代法，这对于模拟软件来说是很容易解决的。

5.4.2　基于尾气的模型

计算氧气通量 J_{O_2} 的另外一个方法是采用空气流量和进出口氧气浓度差来进行，如式（5-2）所示。

$$J_{O_2} = \frac{(Q_{空气in}x_{O_2in} - Q_{空气out}x_{O_2out})\rho_{O_2}}{A} \tag{5-2}$$

式中　　J_{O_2}——氧气通量，$ML^{-2}T^{-1}$；

　　　$Q_{空气in}$——标准状态下的载体进口空气流量，L^3T^{-1}；

　　　$Q_{空气out}$——标准状态下的载体出口空气流量，L^3T^{-1}；

　　　x_{O_2in}——进口空气中的氧气摩尔分数，[-]；

　　　x_{O_2out}——出口空气中的氧气摩尔分数，[-]；

　　　ρ_{O_2}——标准状态下的氧气密度，ML^{-3}；

　　　F_V——考虑进出口体积损失的系数；

　　　A——载体的表面积，L^2。

在式（5-2）中，氧气通量 J_{O_2} 取决于两个变量：出口氧气的摩尔分数 x_{O_2out} 和进出口空气的体积损失（$Q_{空气in} - Q_{空气out}$）。只要采用空气作为气源，那么进口的氧气摩尔分数通常假定为常数，即 20.9%。

在 MABR 系统中空气流量的体积损失是氮气和氧气通过扩散透过载体进入生物膜的必然结果：通过扩散透过载体的气体不能计入出口的空气流量。当载体内腔氮气分压和液相溶解性氮气浓度产生正向梯度时，就会发生氮气的扩散。尽管氧气的扩散也是基于同样的原理，但是，生物膜内硝化菌和异养菌的呼吸作用可以大大强化氧气的扩散。当呼吸速率增加时，从载体内腔进入生物膜的氧气"拉力"也会增加。对于式（5-2）而言，这将导致（$x_{O_2in} - x_{O_2out}$）和（$Q_{空气in} - Q_{空气out}$）两个差值不断地扩大。只考虑前一差值而忽略后者，将会导致低估了氧气的通量 J_{O_2}．

体积损失可以采用如式（5-3）所示的 F_V 系数来核算，该公式基于简单的氧气物料平衡计算：

$$F_V = \frac{1 - x_{O_2\text{in}}}{1 - x_{O_2\text{out}}} \qquad (5\text{-}3)$$

如果采用空气，进口氧气摩尔分数 $x_{O_2\text{in}}$ 为 20.9%，系统的氧气传递效率（OTE）可以仅仅根据测量的出口或者尾气的氧气浓度来计算，见式（5-4）：

$$\text{OTE} = \frac{20.9\% - F_V x_{O_2\text{out}}}{20.9\%} \qquad (5\text{-}4)$$

式（5-4）为通过单一测量值，即出口氧气浓度，来计算 OTE 提供了十分有用的基础。需要重点指出的是，由于式（5-3）忽略了扩散进入生物膜的氮气，其结果是低估了体积损失系数 F_V 以及式（5.4）中的氧气传递效率。另外，所有包含 MABR 模型的商业软件包也没有考虑氮气的扩散。记住这一点在考虑利用实际数据进行模型校正时是十分重要的。

5.5　有关模拟软件的结语

虽然采用模拟软件进行活性污泥工艺的设计在行业内十分普遍，工程师们却一直更加犹豫是否可以依赖这些工具进行生物膜工艺的设计。用一个持怀疑态度的工艺工程师的话来说："不像活性污泥模型，生物膜模型就是还没到那种程度"。这个态度可能反映这样一个想法：由于生物膜很复杂，模拟它们也必须是复杂的。然而，这忽略了在很多情况下简单模型是能够描述某些相关特性的主导机制的。对生物膜结构和生物活性有影响的机制有可能是无数的，但是如果只需要其中一个机制来解释硝化，系统就不会那么复杂了，至少对于解释硝化这一点来说是这样的。大家早就知道扩散是控制生物膜硝化速率的主导机制，而且扩散模型确实是能够非常简单的。

另外，一维模型在预测生物膜是否是硝化生物膜方面做得如何呢？事实上，一维模型面临的最大挑战似乎在于如何诠释生物膜中硝化菌生存能力的影响因素，包括异养菌的竞争、生物膜厚度以及脱落/脱附速率。当硝化受这些因素影响时，模型预测的可信度可能会因此而降低。虽然如此，基于模型的灵敏度分析还是可以提供一些有价值的见解，比如说在什么条件下更可能会导致硝化生物膜、NOB 抑制或者过厚的生物膜。

第 4 章中的设计公式可以量化组合工艺的处理效果与生物膜氨氮去除比例（$F_{\text{Nit.,B}}$）以及接种效应（$Y_{\text{脱落}}$）之间的函数关系。然而这些公式的预测能力局限于其假设条件，即系统为完全混合活性污泥生化池且处于稳定状态。模拟软件可以克服这些限制，可以对任何工艺形式的组合工艺，甚至包括多级好氧区和缺氧区的生物营养物去除（BNR）组合工艺的处理效果进行评估。此外，模拟软件还能够进行动态条件下的工艺评估，这将在下一章中进行探索。

尽管能够准确预测生物膜硝化速率的模型令人向往，但是这并不是理解组合工艺系统中生物膜所起的作用的"关键任务"。事实上，5.1.4 节所介绍的双室模型根本就不预测硝化速率，其硝化速率是由用户来设置的。重要的是，对于任何给定的生物膜硝化速率，其影响能够在活性污泥模型整体框架内进行评估，这使得能够对组合工艺系统的处理效果进行一些有实际意义的预测，进一步的探索将在下一章展开。

第 6 章　有关运行动态的调查研究

在第 4 章中，我们已经提出了稳态条件下的设计方程与公式，这些方程与公式可以量化采用生物膜去除部分进水负荷并产生接种效应对活性污泥工艺的强化作用。本章通过探索动态变化因子，也就是随时间而变化的因素或工况条件，来进一步论证组合工艺的工艺强化效益。虽然随时间而变化的变量有很多，但是这里只关注进水负荷的动态变化。

组合工艺的一个被忽略的好处就是其自然发生的对负荷的抑制或者是对峰值负荷的削弱，这一优势是在氨氮限制条件下运行的生物膜所带来的。其中的原因在于生物膜的活性往往是扩散或浓度梯度限制的。也就是说，生物膜本身是具有足够多的硝化菌来去除进水负荷的，或者至少在生物膜能够实现其最大硝化潜能的条件下是可能去除进水负荷的。正如下面将要讨论的，生物膜在平均负荷条件下往往处于低于其潜能的运行状况，这使得生物膜在峰值负荷出现的情况下能够"应付自如"。

获得负荷抑制效益的关键是系统需要在氨氮限制条件下运行。传统的生物膜往往处于氧气限制工况，所以在氨氮负荷增加时硝化速率不会增加。而在 MABR 生物膜中，非氧气限制的条件很容易实现，因而一般是氨氮扩散来限制硝化速率。所以，MABR 生物膜硝化速率会随着混合液氨氮浓度，例如负荷的增加而增加。生物膜硝化速率在峰值负荷条件下的增加自然就减弱或降低需要混合液硝化的负荷。这个 MABR/活性污泥组合工艺的重要效益并没有在第 4 章稳态设计曲线中体现。MABR 的负荷抑制效益将采用近期投运的美国伊利诺伊州 YBSD 污水处理厂 MABR/活性污泥组合工艺现场数据进行证实。我们还将采用案例分析对以下工艺条件进行动态工艺处理效果的评估：

(1) 传统活性污泥法
(2) 氧气限制条件下的 IFAS 工艺
(3) 氨氮限制条件下的 IFAS 工艺（MABR/活性污泥组合工艺）

本章介绍的模型校准和性能评估方法能够扩展应用到其他构型的 IFAS 工艺，无论是靠载体传氧的 MABR 还是非载体传氧的 MBBR 和固定载体。

6.1　应对负荷动态变化的策略

6.1.1　传统活性污泥法之策略

如第 1 章所讨论的，传统工艺设计采用最小泥龄乘以一个安全系数的办法来提高系统处理负荷波动的能力。这将使得系统具有高于处理平均负荷所要求的硝化菌总量。因此，在平均负荷工况下，进水氨氮负荷是不足以维持系统内硝化菌最大潜在硝化速率的。系统内硝化菌去除所有或者几乎所有的平均进水负荷，但是它们的总体硝化速率并没有达到最高值。也就是说，系统内硝化菌处于所谓的氨氮限制条件之下。

在图 6-1 所示的推流式生化池中，其上下游氨氮浓度的变化趋势就可以用来说明上述情况。在生化池上游，氨氮浓度远高于半饱和浓度，所以氨氮浓度不是限制因素，在这一区域的硝化菌以最大速率去除氨氮。到了生化池下游，氨氮浓度接近半饱和浓度，硝化菌的活动就变为氨氮限制了。当硝化过程是受氨氮限制时，硝化速率将随着氨氮负荷的增加而增加，这将有助于减小氨氮穿透而进入到下游区域。当下游区域的氨氮浓度低于出水目标时，该区域在图 6-1 中即标示为"安全系数"。在峰值负荷时，该区域将作为缓冲区来防止氨氮穿透而进入到出水之中。

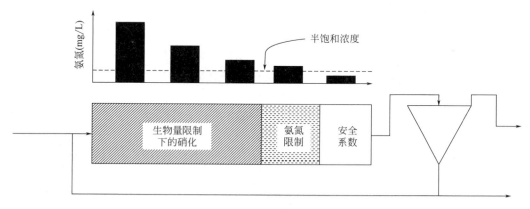

图 6-1　传统活性污泥生化池氨氮浓度变化及其对硝化速率的影响示意图

在图 6-1 中，尽管只有生化池下游区域是受"氨氮限制"的，但是由于在不同区域内回流循环的污泥实际上是相同的，所以氨氮限制适用于整体活性污泥系统。

1. 氨氮限制的活性污泥法

对于悬浮生长的混合液，氨氮限制工况是可取的，这是因为在峰值负荷条件下，硝化作用将会相应增大以满足进水负荷。换言之，如果进水氨氮越多，去除的氨氮也越多。当然，这只会发生在活性污泥总量所能达到的最大可能的硝化活性范围之内。超过这个活性范围，任何增加的进水氨氮负荷将直接通过系统而进入出水之中。所以，通过增加生化池硝化菌总量，从而提高泥龄的安全系数可以增加最大可能的硝化能力，同时降低出水氨氮穿透的风险。这与氨氮限制工况是活性污泥工艺获得安全系数的根本原因是一致的。在我们考虑组合生物膜工艺以及氨氮限制与氧气限制的相对效益时，这是我们需要记住的一个要点。

如第 1 章和第 4 章，本章也将采用参数 $R_{\mathrm{Nit,Max/L}}$ 来讨论最大可能的硝化活性。一旦硝化活性达到 $R_{\mathrm{Nit,Max/L}}$，硝化过程就进入"生物量控制"工况，也就没有更多能力处理任何增加的进水负荷。

除了氨氮限制和生物量限制工况之外，硝化过程还可能受"氧气限制"。氧气限制工况在悬浮生长的混合液中可以通过维持足够的水中溶解氧来避免，典型控制在 2mg/L 或者更高。但是，日间出现"溶解氧下垂"也是常见的现象，在此期间曝气系统不能满足混合液的供氧要求。溶解氧下垂能够很容易导致出水的氨氮穿透。

2. 安全系数的有效替代指标

回顾第 1 章，我们分析讨论了泥龄对出水氨氮浓度 S_{NHx}、生化池硝化菌总量 M_{AOB} 和最大可能的硝化能力与进水负荷之比值 $R_{Nit,Max/L}$ 的影响。它们之间的相互关系总结如图 1-2 中的系列曲线所示，这些曲线表明了一个原理，即通过运行较长的泥龄可以获得更高的 $R_{Nit,Max/L}$ 值。这个参数很好地量化了安全系数的好处：安全系数能够实现处理由 $R_{Nit,Max/L}$ 值决定的更高的"峰值"氨氮负荷。

然而需要重点指出的是，$R_{Nit,Max/L}$ 值与泥龄之间并不是线性关系。这是由于在长泥龄条件下硝化菌总量受内源衰减作用的影响更大而造成的。工程师们可能选择最小泥龄的两倍作为设计泥龄并声称安全系数为 2。但是，按照 $R_{Nit,Max/L}$ 定义的应对进水峰值负荷的能力并不是翻倍的，其原因在于在较长泥龄下的内源衰减也在增加。参数 $R_{Nit,Max/L}$ 可以认为是安全系数的一个替代指标，且能够更准确地评估系统应对峰值负荷的能力。正如在第 4 章中所讨论的，采用 $R_{Nit,Max/L}$ 的另外一个好处就是我们能够计算组合工艺系统的 $R_{Nit,Max/L}$ 值，从而为对比活性污泥工艺和 IFAS 工艺的安全系数提供了有用的依据。

6.1.2　IFAS 工艺系统之策略

与传统活性污泥法相同，动态负荷条件下生物膜的反应也可以采用系统处于氨氮限制、氧气限制或者是生物量限制中的各种工况来评估。这些工况条件对处理效果的影响如下：

（1）硝化速率随着负荷的增加而增大。这会发生在受氨氮限制的生物膜内。

（2）硝化速率在负荷增加时保持不变。生物膜由于是受氧气或生物量限制的，所以对于混合液氨氮浓度的变化不敏感。无论是哪种限制，生物膜已被氨氮"完全穿透"，从而对混合液氨氮浓度变化不敏感。

（3）硝化速率随着负荷增加而降低。这会发生在受氧气限制的生物膜内，其硝化反应受异养菌活性的抑制，所以其硝化速率对进水 BOD 负荷的变化十分敏感，而进水 BOD 可能会随着进水氨氮负荷的增加而增加。

1. 氨氮限制条件下的组合工艺系统

图 6-2 展示了组合工艺系统生化池内氨氮浓度的变化及其对硝化动力学的影响，并显示了在混合液和生物膜中从生物量限制或氧气限制到氨氮限制的转变过程。两类不同的生物膜—生物膜 A 与 B，代表了两种不同的有关氧气供给的工况。对于生物膜 A 来说，只要氨氮浓度高于某个临界值，其硝化将受扩散到生物膜内的氧气的限制。然而，这个临界值对于传统生物膜而言会随着混合液溶解氧浓度的变化而变化，而对于 MABR 生物膜来说会随着载体内腔空气压力的变化而变化。与之相反，对于生物膜 B 而言，其硝化从不会受氧气限制，所以整个反应器都处于氨氮限制工况。需要注意的是，因为生物膜几乎总是受扩散限制的工艺，很少碰到生物量限制工况，所以生物量限制将在生物膜 A 或 B 中不作讨论。

如 6.1.1 节所讨论，氨氮限制工况提供了系统应对峰值负荷的能力。因此，我们能够预期，由生物膜和混合液组成的组合工艺系统会比单独的混合液系统可以更好地应对峰值负荷。进一步说，我们预期包含生物膜 B 的组合工艺系统会优于包含生物膜 A 的组合工艺系统。这些假设将在 6.3 节中进一步予以探讨。

2. 避免氧气限制的生物膜

如果氨氮限制的生物膜真的更适合应对峰值负荷，那么自然而然的一个问题就是如何

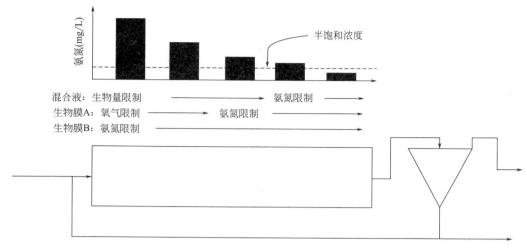

图 6-2　组合工艺生化池内氨氮分布变化图：生物膜 A 代表同向扩散
（如固定载体、MBBR）；生物膜 B 代表异向扩散（如 MABR）

去获得它？简而言之，就是通过避免氧气限制工况的发生。对于 MBBR 和传统的固定载体工艺来说，这需要在尽可能高的混合液溶解氧浓度下运行。典型设计规范推荐溶解氧浓度范围在 3～4mg O$_2$/L[9]。超过这个范围，曝气所需能耗会过高。另一个策略是避免将生物膜载体置于生化池的上游区域，因为这个区域的 BOD 负荷是最高的。在这些上游生化区域，生物膜里的异养菌更有可能在与硝化菌对溶解氧的竞争中胜出。

　　避免把生物膜载体置于生化池上游区域，导致失去了氨氮限制硝化区域最大化的机会。而这正是 MABR 载体所能提供的独特优势。如第 2 章 2.2.3 节所讨论，在 MABR 生物膜中可以通过调节膜内腔空气压力来实现极高的氧气扩散速率。此外，MABR 生物膜内的异向扩散特性使得硝化菌在与异养菌竞争可利用氧气的过程中占有优势并胜出。MABR 生物膜在实际中是否获得氨氮限制反应将在下一节中加以探讨。

6.2　MABR 生物膜动态特性

6.2.1　YBSD 现场数据

　　在第 3 章 3.3.1 节中已经介绍了 YBSD 污水处理厂 MABR/活性污泥组合工艺系统的工程案例。该污水处理厂平面布置图以及 MABR 载体安装于 10 个生化池中的第 2 个池体内的位置可参见图 3-2。本章将详细探讨该污水处理厂的处理效果的数据，进而展现 MABR 生物膜在该厂的氨氮限制工况及其在峰值负荷消减方面的效益。

　　图 6-3 显示了 MABR 区的流量、氨氮浓度、氨氮去除量和尾气中氧气的含量。流过 MABR 区的流量由流量计测定的通过格栅后的污水量和回流污泥（RAS）量相加而得。尾气中的氧气采用在线气体测量仪测定来自全部 12 个 ZeeLung 膜箱的尾气而得。1 号和 2 号生化池的氨氮浓度是通过浸没在池中的离子选择电极（ISE）氨氮传感器测定的。在 MABR 区的氨氮去除量则可以通过 1 号和 2 号生化池的氨氮浓度差并结合格栅后的污水量

和回流污泥（RAS）量而计算得到。

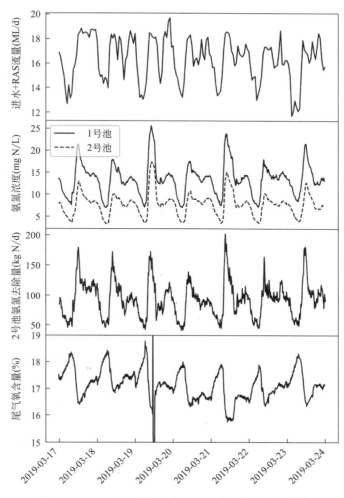

图 6-3　YBSD 污水处理厂 MABR 处理效果现场数据

在图 6-3 显示的测量数据的可靠性并不是一样的。现场的流量计以及 MABR 尾气中氧气含量的测量都是可靠的。但是，比较氨氮 ISE 传感器数据和即时取样的实验室分析数据，发现由获取并维持较好的对传感器的校正所带来的挑战导致了二者之间巨大的偏差。因此，在该厂 MABR 区的氨氮去除量是基于从 1 号和 2 号池中所取的即时样或混合样的实验室分析数据。

基于对图 6-3 中的氨氮传感器数据的精确性存在质疑，所以这些数据只是提供了对趋势的表征，而不能用作定量的绝对数值。虽然在 1 号和 2 号池内测量的氨氮浓度差值 $\Delta_{(1-2)}$ 可能不是绝对准确的，但是 $\Delta_{(1-2)}$ 昼夜的变化仍然为理解 MABR 生物膜内的氨氮限制行为提供了有价值的信息。图 6-3 的数据表明，当 MABR 区的氨氮浓度在一天中达到最大值的那段时间里，无论是基于其浓度还是负荷氨氮的去除量都呈增加趋势。

1. 氨氮去除和混合液氨氮浓度关系

图 6-3 的时序数据在图 6-4 中以散点图的形式显示了在 2019 年 3 月份在 2 号池（即

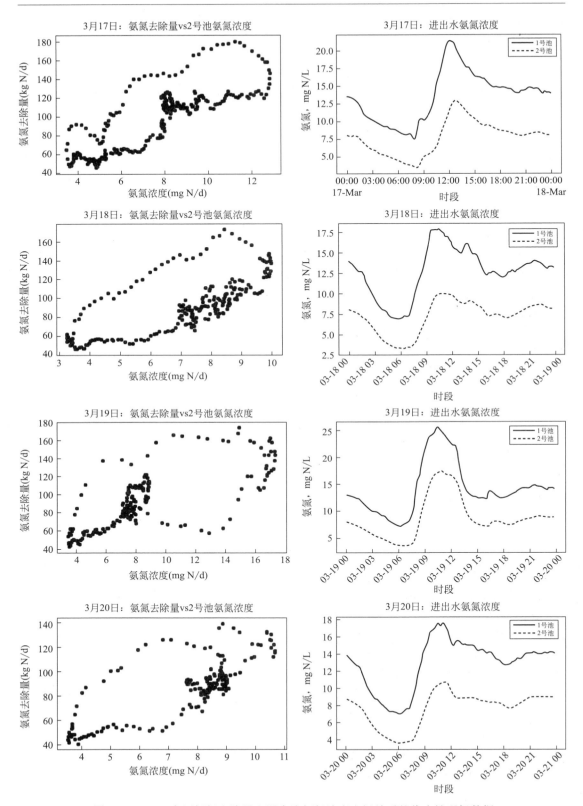

图 6-4　YBSD 水厂氨氮去除量和混合液氨氮浓度之间关系的代表性现场数据

MABR 区）连续 4d 的氨氮去除速率和混合液氨氮浓度之间的关系。这些散点图提供了有关氨氮限制条件下生物膜行为的假设的验证方法：该假设认为混合液氨氮浓度的增加将导致氨氮去除量的增加，事实也的确如此。在这 4d 的每一天里，氨氮去除和其浓度之间的相关性十分清晰但存在滞后的迹象，另外，这种关系在氨氮浓度由低向高和由高向低这两种变化过程中显示了不同的路径。

当评估图 6-4 所示的关系时需要考虑以下两个因素：

（1）MABR 区的水力停留时间大约为 45 分钟，所以当 1 号池内氨氮浓度增加时，对氨氮去除量的影响将会是正偏离的，而在 1 号池氨氮浓度降低时，对氨氮去除量的影响将会是负偏离的[①]。

（2）Y 轴变量（即氨氮去除量）并非与 X 轴变量（即氨氮浓度）无关，这是因为 2 号池的氨氮浓度同时被用于计算该池的氨氮去除量。

第一点似乎可以解释从图 6-4 观察到的滞后现象，而第二点从某种程度上削弱了对所观察到的相关性的信心。

2. 氨氮去除和负荷的关系

另一种处理图 6-3 中数据的方式是分析氨氮去除量和氨氮负荷之间的关系，如图 6-5 所示。有趣的是，这张图显示出氨氮去除量与负荷之间的相关性比氨氮去除量与浓度之间的相关性更强一些。除此之外，图 6-4 观察到的滞后现象也变得更不明显。这与正常的预期相反，因为正常的预期告诉我们生物膜硝化速率并不会对氨氮负荷产生直接的反馈，而是与生物膜周边混合液中的氨氮浓度直接相关。有些情况，例如在雨季期间，进水峰值负荷可能不会导致较高的氨氮浓度和在生物膜中的扩散浓度梯度。那么，为什么在这里与负荷的相关性这么强呢？

如何解释氨氮去除量与负荷之间的相关性比氨氮去除量与浓度之间的相关性更强一些并不是十分清楚。但是，可以指出来的是，相比氨氮去除量与浓度关系曲线中的 Y 轴和 X 轴变量，氨氮去除量与负荷关系曲线中的 Y 轴和 X 轴变量之间更相关，更不独立。图 6-4 中的 Y 轴和 X 轴变量都是 2 号池中氨氮浓度的单一变量函数，而图 6-5 中的 Y 轴和 X 轴变量都是流量和 1 号池中氨氮浓度的双变量函数。图 6-5 中 Y 轴和 X 轴变量之间更高的相互依赖程度也许可以用来解释二者之间更强的相关性。

3. 尾气氧气含量和混合液氨氮浓度的关系

尾气氧气含量和混合液氨氮浓度的关系提供了有关氨氮限制条件下生物膜行为的假设的第三种验证方法，该假设认为混合液氨氮浓度的增加与尾气氧气的减少相关，事实也的确如此。如图 6-6 所示，尾气氧气含量和混合液氨氮浓度的相关性非常强。滞后现象有几天比较强，有几天并不强。

图 6-6 中的散点图为如何定量峰值负荷条件下的生物膜硝化速率提供了一个特别有吸引力的方法，其原因如下：

（1）X 轴和 Y 轴的变量是完全独立的，所以没有理由相信二者之间的相关性是由于变量之间的相互依存关系所致。

---

① 译者注：MABR 区，即 2 号池，处于 1 号池之后。

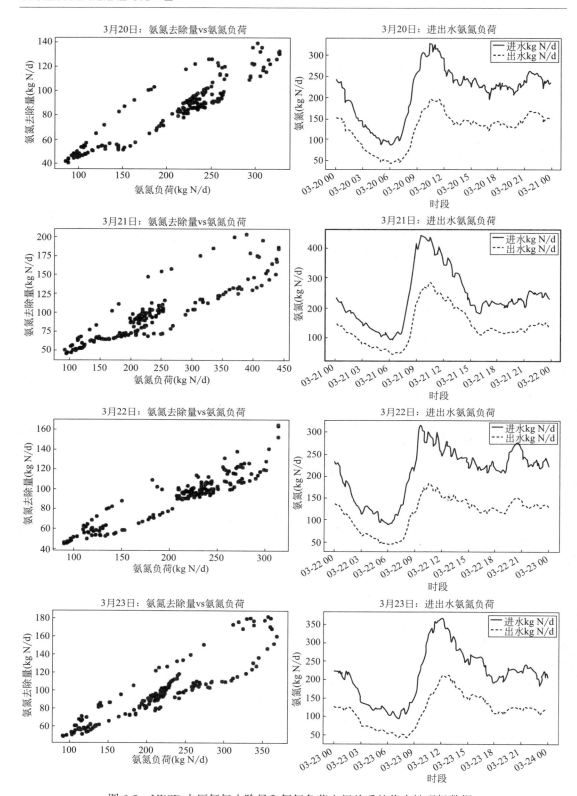

图 6-5　YBSD 水厂氨氮去除量和氨氮负荷之间关系的代表性现场数据

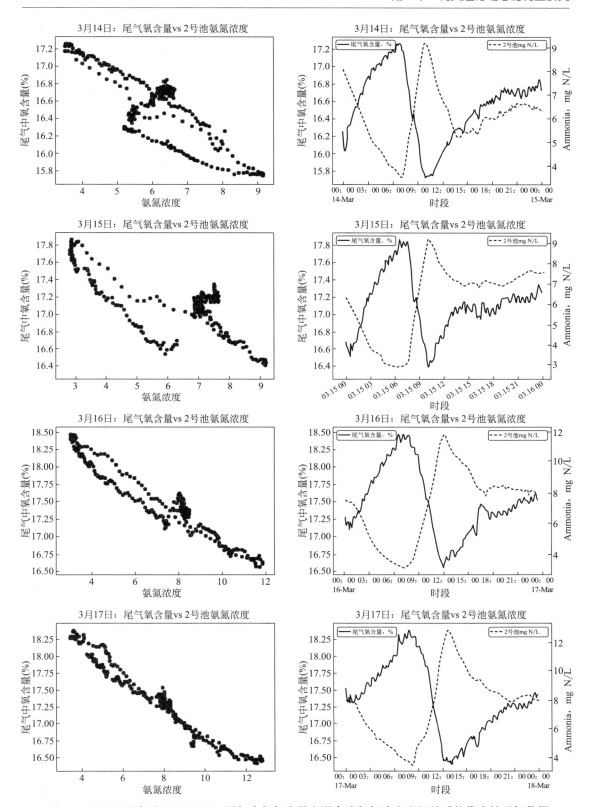

图 6-6　YBSD 污水处理厂 MABR 尾气中氧气含量和混合液氨氮浓度之间关系的代表性现场数据

（2）散点图中的数据基于更为可信的氧含量传感器，与 ISE（离子选择电极）氨氮传感器相比，空气中的氧含量传感器不易产生漂移，也不容易受到由于不及时校准所带来的误差的影响。

（3）只需要一个氨氮传感器。与依靠两个传感器来计算氨氮去除量相比，这将减少成本和维护负担。

（4）尾气氧气含量能够用于计算氧气传递效率（OTE）和氧气传递速率（OTR），甚至还可以计算硝化速率（NR）。

利用尾气氧气含量来计算硝化速率需要知道氧气传递速率（OTR）与硝化速率（NR）之间的比值关系。对于传统硝化过程，化学计量比值为 4.57kg O_2/kg NH_4-N。在 YBSD 项目中，这个比值采用测量的硝化速率（基于从 1 号和 2 号生化池的 24h 混合样）和氧气传递速率（基于 MABR 空气流量和尾气氧气含量）来计算。该比值在 5～7kg O_2/kg NH_4-N 之间波动，高的比值表明在生物膜中有更多的氧气被用于异养菌氧化 BOD 的活动。

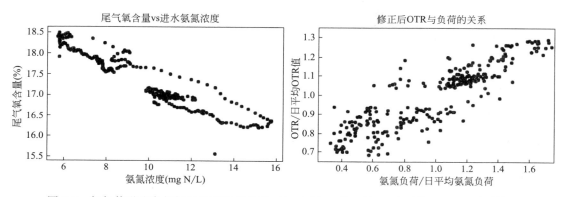

图 6-7　氧气传递速率与氨氮负荷的相关性（2018 年 11 月 9 日 24 小时的 YBSD 现场数据）

4. 对峰值负荷的消减

图 6-4～图 6-6 证实了在 YBSD 水厂中 MABR 生物膜处于氨氮限制工况。这一氨氮限制特性提供了在生化池上游对峰值负荷的抑制或消减，这在传统工艺里是不可能实现的。这一特性可以转变为更高的安全系数。然而，仅凭这些图形并不能量化 MABR 生物膜对整个工艺实际提供的对峰值负荷的消减。

为了实现量化，2018 年 11 月 9 日的 YBSD 现场数据可以以归一化氧气传递速率相对于归一化氨氮负荷的变化而变化的形式来呈现（图 6-7）。由图 6-7 可见，当氨氮负荷在 ±60% 范围内波动时，氧气传递速率，也就是硝化速率，在 ±30% 范围内波动。这对于整个工艺的稳定性而言是有益的，因为这实际上意味着在低氨氮负荷时生物膜出力少，从而为下游悬浮生长的硝化菌提供较多的氨氮。然而，在高氨氮负荷时，生物膜硝化速率也更高。这样在系统上游产生的对峰值负荷的消减可以有助于系统下游悬浮生长的微生物规避超负荷的现象。比较图 6-1 所示的工艺，其上游混合液从来不处于氨氮限制工况，所以根本不能实现对峰值负荷的消减作用。

另一个可能进一步提高 MABR 生物膜峰值负荷消减效益的方法是在低负荷条件时调

节其空气流量以创造氧气限制工况。如果假定低负荷情况将发生在晚上和凌晨可以预期的时间段，那么可以通过计时器来控制，或者还可以通过前馈或反馈的基于氨氮的曝气控制（ammonia-based aeration control，ABAC）。这只是生物膜帮助管理峰值负荷，从而提高活性污泥工艺安全系数的另外一种方式。然而与接种效应不同的是，接种效应可以通过4.3.4 节的设计公式进行定量，而氨氮限制生物膜的负荷消减效益最好通过动态工艺模型来定量。

通过节流 MABR 空气流量而限制生物膜硝化速率的好处，即使是在低负荷时期，看起来也不是很直观的。毕竟大家大概都想在任何时候都能最大化生物膜的性能。但是，在组合工艺系统负荷不足时，允许更多的氨氮"供给"混合液是有益的，特别是当峰值负荷抑制或消减是运行上的优先选择时，这将确保混合液硝化菌生物总量最大化，从而让生物膜在峰值负荷情况下最需要它的时候发挥作用。

6.2.2　模拟现场数据

1. 氧气传递模型的选择

为了在模型中准确捕捉 MABR 的动态特性，这需要特别注意生物膜随混合液氨氮浓度变化而变化的模拟反应。没有这点，MABR 生物膜的负荷消减作用将会被忽略。第5 章列举了一些 MABR 异向扩散生物膜中氧气传递的模拟方法。在下面章节中介绍的模拟结果来自于一个商业化软件中的模型，该模型基于以下输入条件来模拟系统中的传质过程：

（1）氧气传质系数：这用于模拟氧气通过载体层的传质过程；

（2）边界层厚度：这用于模拟混合液和生物膜之间的溶解性物质的扩散；

（3）中空纤维 MABR 载体进口和出口的压差。

与其他方法相比，选择这个模型是因为它可以实现对尾气氧气含量的动态计算，而不是以模型输入值的方式而直接输入。这一点很重要是因为尾气的氧气含量是表征处理效果的最关键的现场数据之一。使模型预测值与现场数据相匹配是模型校正的基础，而尾气氧气含量已被证实是现场数据中最可信的原始资料。

2. 氧气传递模型的校正

正如第 5 章所讨论的接种效应一样，氧气传递模型的参数需要仔细调整以准确模拟关键的系统行为。虽然什么是关键的系统行为会根据案例的不同而变化，但是氧气传递和氨氮浓度的动态关系就是一个很好的开始。这个关系已通过 YBSD 现场数据先后在图 6-3 和图 6-6 得到了演示。在大多数市政应用中，由于其生物膜中氧气的利用主要用于硝化反应，我们因此可以预料类似的这个关系，即类似的氧气传递和氨氮浓度之间的动态关系。

尾气中氧气的百分比含量与混合液中氨氮浓度在氧气限制和氨氮限制工况下的模拟结果如图 6-8 所示。软件包默认的传质系数实际上导致了模拟时生物膜内的氧气限制工况，表现为尾气中氧气含量不随混合液氨氮浓度的变化而变化，如图中水平线所示。校正后的传质系数能够将由现场数据而得的这个关系（尾气中氧气的百分比含量与混合液中氨氮浓度之间的关系）体现到一个合理的程度。

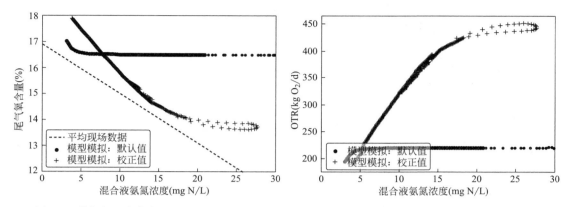

图 6-8　模拟的尾气氧气含量和混合液氨氮浓度之间的关系（默认值和校正传质系数之间的对比）

6.3　MABR/活性污泥组合工艺案例分析

对于生物膜/活性污泥组合工艺来说，完全理解和真正量化生物膜的贡献未必总是显而易见的。组合工艺和传统活性污泥工艺在相同负荷条件下的并排运行的想法很好，但是在实际中很难做到。所以工艺模拟往往就成为工程师们用于评估组合工艺与传统工艺相比的好处的工具。

在接下来的几节中将以一个传统活性污泥工艺的升级改造案例来介绍如何利用工艺模拟这个工具，该传统活性污泥工艺采用 MABR 载体进行升级改造，以补偿由于将完全好氧工艺升级为有 40％非曝气区域的生物脱氮除磷（BNR）工艺造成的对硝化"安全系数"的损失。下面介绍的原理能够适用于任何可选择的工艺流程配置。

6.3.1　模型的建立

这个案例比较了以下两种工艺配置对负荷动态的反应（图 6-9）：（1）传统活性污泥工艺；（2）MABR/活性污泥组合工艺。两种工艺配置都包括了 5 个串联的生化池和后续的二沉池以及污泥回流。1 号池是厌氧池，2 号池是缺氧池。在 MABR/活性污泥组合工艺中，MABR 生物膜载体安装于 2 号池中，这导致 2 号池成为一个在生物膜中是好氧工况而在周围混合液中是缺氧工况的组合区域。

在 MABR/活性污泥组合工艺中，其 2 号池内安装有足够的载体表面积以实现大约 30％的进水氨氮负荷的硝化。3、4、5 号池为微孔曝气区，容积占比为 60％。选择这个配置是因为这是在 3.3.1 章节所介绍的 YBSD 污水处理厂的一个可能的工艺流程配置。另外，如果在 2 号池没有 MABR 载体的话，这个配置看起来就是一个完全典型的适合生物脱氮除磷的 A^2O 工艺。

1. 负荷的动态变化

在模型模拟中采用的进水流量和负荷的变化模式如图 6-10 所示。这些变化模式基于 YBSD 水厂每 10min 间隔采集的数据。进水流量由进水流量计读取，进水氨氮负荷和浓度利用 1 号池内 ISE 氨氮传感器数据、进水和污泥回流（RAS）流量采用式（6-1）来计算：

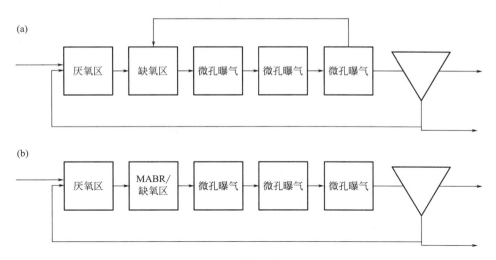

图 6-9　5 个串联生化池的工艺配置：（a）传统 A^{2}O 工艺；（b）MABR/活性污泥组合工艺

$$NH_{4,\,Inf} = NH_{4,\,1号池} \times \frac{(Q_{Inf} + Q_{RAS})}{Q_{Inf}} \tag{6-1}$$

该水厂进水流量和负荷的变化模式可以表征如下：最大日流量系数为 1.25、时峰值系数为 1.57；最大日氨氮负荷系数为 1.46、时氨氮负荷峰值系数为 3.64。

在图 6-10 中观察到的每日流量和负荷的变化与通常生活用水的变化模式大部分时候

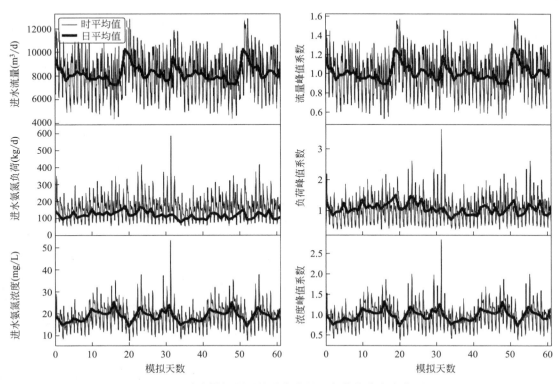

图 6-10　动态模拟所用的进水流量和负荷的分布变化图

是一致的，然而，在第 29 天、第 30 天、第 31 天发现有显著的氨氮负荷的时峰值。这种日常的变化通常是由于所辖区域内工业或商业用水的变化或者水厂内部回流负荷，例如污泥脱水回流液所造成的。

2. 模型校正的基础

之前章节描述了尾气氧气含量与混合液氨氮浓度之间的关系对负荷消减的重要性，例如氨氮限制条件下的生物膜行为。动态工艺模型必须能够捕捉这个氨氮限制条件下的生物膜行为。此外，如第 5 章所讨论，生物膜的厚度也需要重点关注。生物膜厚度太厚或太薄都会导致对"接种效应"的不合理预测。现场条件下观察到的生物膜厚度大约在 $200 \sim 300\mu m$，在此条件下的接种效应可采用 $0.05mg\ COD/mg\ NH_4\text{-}N$ 的脱落产率（$Y_{脱落}$）值来表征。氨氮限制条件下生物膜的行为以及生物膜厚度的控制是对获取下面章节所显示结果的模型进行校正的唯一基础。

3. 模型输入参数小结

图 6-9 所示工艺配置的设计条件见表 6-1 和表 6-2。总体来说，该工艺可以描述成比较典型的 A^2O 工艺。该工艺总泥龄为 12d，其中好氧池泥龄只有 7.2d。对比第 1 章图 1-1 所示传统活性污泥法（CAS）的设计曲线，该泥龄已远高于在 10℃水温条件下实现出水氨氮小于 1mg N/L 的最小泥龄。然而，根据图 1-2，最大可能的硝化活性与平均进水负荷之比值 $R_{\text{Nit,Max/L}}$ 约为 1.5。据此，我们推测当峰值负荷等于或大于 1.5 倍平均负荷时将出现出水氨氮的穿透现象。正如在 6.3.2 节中将演示的一样，结果正是如此。

用于调查研究操作动力学的流量、负荷和水厂运行工况　　　　表 6-1

项目	单位	数值
进水平均值		
流量	m^3/d	7902
TKN	mg N/L	32
氨氮	mg N/L	19
COD	mg/L	392
TSS	mg/L	181
进水峰值系数		
小时流量	-	1.57
日流量	-	1.25
小时负荷	-	3.64
日负荷	-	1.46
水厂操作条件(恒定的)		
污泥回流	%	80%
总泥龄	d	12
好氧泥龄	d	7.2
温度	℃	10
生物膜氨氮去除比例[①]，$F_{\text{Nit,B}}$	-	30%

① 仅适用于 MABR/活性污泥组合工艺形式。

用于调查研究操作动力学的生化池配置

表 6-2

项目	单位	池 1	池 2	池 3	池 4	池 5
生化池容积	m^3	436	436	452	452	452
标称 HRT,V/Q_{Inf}	h	1.3	1.3	1.4	1.4	1.4
HRT,$V/(Q_{Inf}+Q_{RAS})$	h	0.7	0.7	0.8	0.8	0.8
溶解氧	mg/L	0	0	2	2	2

6.3.2　工程系统的动态处理效果

如图 6-9、表 6-1 和表 6-2 所示的工艺配置以及图 6-10 所示的负荷变化模式条件下的动态处理结果被用来评价以下两方面因素的效益：

（1）在 2 号池内投加载体（即 MABR/活性污泥组合工艺）与无 MABR 载体（即传统活性污泥法）的比较。

（2）生物膜氧气限制动力学与氨氮限制动力学的比较。

1. 出水氨氮的穿透现象

图 6-11 挑选了在某 7 天中每日峰值系数都特别高时系统的处理效果。传统活性污泥（CAS）工艺在第 31 天中其出水氨氮的瞬时峰值达到 14mg N/L；而 MABR/活性污泥组合工艺在氧气限制和氨氮限制条件下的出水氨氮瞬时峰值分别为 13.5mg N/L 和 11mg N/L。第 31 天的平均出水氨氮浓度虽然相对适中，但仍然很高，对应于 CAS、氧气限制的 MABR/活性污泥组合工艺和氨氮限制的 MABR/活性污泥组合工艺的平均出水氨氮浓度分别是 4.5mg N/L、4mg N/L 和 3mg N/L。

我们注意到，MABR/活性污泥组合工艺在相对较长的泥龄（总泥龄为 12d，其中好氧泥龄为 7.2d）工况下具有消减出水氨氮峰值的好处，这强调了在实际动态条件下评估工艺的重要性。回顾第 4 章，在稳态条件下当混合液泥龄高于清零泥龄之后，由生物膜去除一部分氨氮负荷而带来的对预测的出水水质的改善是逐步降低的。从图 4-7 我们看到组合工艺（$F_{Nit,B}=30\%$）和传统工艺（$F_{Nit,B}=0$）预测的两者出水氨氮浓度的差值小于 1mg N/L。相比较而言，动态模拟表明，在日峰值负荷条件下，MABR/活性污泥组合工艺可以消减日平均峰值和瞬时峰值，消减量分别为 1.5mg N/L 和 3mg N/L。

2. 对负荷的消减

为了更好地理解组合工艺的负荷消减作用，图 6-11 包括了 2 号生化池的氨氮浓度、混合液硝化菌（AOBs）浓度，以及两者的比值（NH_4：AOB）随时间的变化图。由于 2 号池出水是 3 号池的进水，而 3 号池是能发生混合液硝化的第一个好氧池，这些图中的数据可以帮助理解生物膜对混合液硝化的影响。

对于传统活性污泥法工况，由于没有 MABR 生物膜，2 号池为纯非曝气区域，其混合液硝化由于缺乏溶解氧而被完全抑制，所以其氨氮水平反映的是图 6-10 中的进水氨氮浓度加上回流污泥稀释的影响。相比之下，MABR/活性污泥工况显示的 2 号池氨氮浓度基于生物膜去除的氨氮比（$F_{Nit,B}=30\%$）而降低。由生物膜去除的氨氮比可计算出生物膜可去除大约 3～5mg N/L 的氨氮，因此，3 号、4 号、5 号好氧池中的混合液需要去除的氨氮也按比例减少 3～5mg N/L。

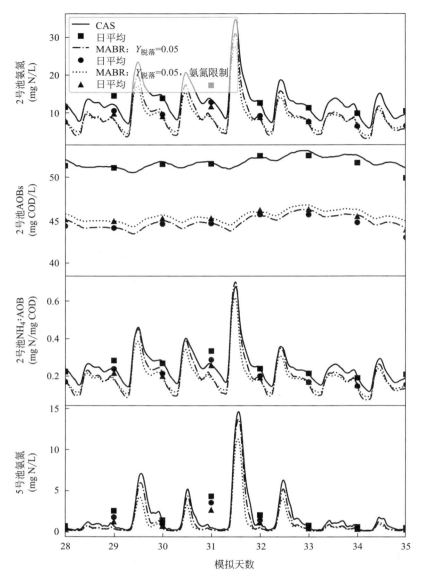

图 6-11　CAS 和 MABR/活性污泥组合工艺（氧气限制和氨氮限制工况）出
水氨氮水平比较（水温 10℃，SRT＝12d，$Y_{脱落}$＝0.05）

　　尽管在 MABR/活性污泥工况中混合液需要做较少的"工作"，但是实际上在其混合液中也只有相对较少的硝化菌可以工作。从图 6-11 中 2 号池的 AOBs 浓度可以得知这一点，这是由于生物膜去除氨氮减少了供混合液硝化菌生长的氨氮量的自然结果。那么组合工艺的优势是什么呢？其优势在于 MABR/活性污泥工况下的氨氮浓度与硝化菌比值（2 号池 NH₄：AOB）更低。事实上，虽然 MABR/活性污泥工况下的混合液硝化菌减少了，但是需要混合液去除的氨氮负荷也是按比例减少的。

3. 氨氮限制生物膜的好处

既然理解了 MABR/活性污泥组合工艺 2 号池中较低的 NH₄：AOB 比值意味着混合

液需要按比例做较少的工作，那么 5 号生化池中观察到的峰值消减就合乎情理了。同时，与氧气限制的生物膜相比，氨氮限制的生物膜实现峰值消减也能得到解释。在平均负荷条件下，无论氧气限制还是氨氮限制的生物膜均能去除差不多的氨氮量。这两个工况下 2 号池混合液中 AOBs 的浓度比较清楚地表明了这一点。而氨氮限制的生物膜的优势，只有在峰值负荷条件下该生物膜能够应付更高的负荷时才真正地显示出来。

6.4　获得"安全系数"的替代方式

6.4.1　定量组合工艺的安全系数

图 6-11 所示的 2 号池 NH_4：AOB 比值较为便捷地表征了 MABR/活性污泥组合工艺的负荷消减作用。这些比值可以通过模型模拟输出的 2 号池氨氮和 AOB 浓度而得到。由于这个比值较低将减少 5 号池出水氨氮穿透的概率，所以这个比值能够作为安全系数的另一个替代指标，即较低的 2 号池 NH_4：AOB 比值意味着较高的安全系数。相比之下，第 1 章和第 4 章所讨论的安全系数是指稳态条件下的最大可能硝化能力/进水负荷比值（$R_{\text{Nit,Max/L}}$），即较高的 $R_{\text{Nit,Max/L}}$ 意味着安全系数高。实际上，2 号池 NH_4：AOB 比值和 $R_{\text{Nit,Max/L}}$ 是同一硬币的两个面。$R_{\text{Nit,Max/L}}$ 可以通过 2 号池 NH_4：AOB 比值的倒数再乘以最大比硝化速率（μ/Y）来计算。$R_{\text{Nit,Max/L}}$ 的计算在第 1 章和第 4 章均有描述，它的优势表现为：

（1）提供了一种量化混合液硝化菌与氨氮负荷比值的方法，该方法考虑了长泥龄条件下增加的内源衰减；

（2）提供了另一个比较传统工艺和生物膜组合工艺安全系数的方法。

需要指出的是，与在第 1 章和第 4 章推导的其他设计公式和度量指标一样，$R_{\text{Nit,Max/L}}$ 是基于稳态假定条件。因此，它不能说明氨氮限制生物膜的动态负荷消减作用。量化这些的合适的工具就是动态模拟。对于上面的案例而言，这意味着要实时跟踪 2 号池的混合液氨氮负荷和混合液硝化菌总量，当然还有最终的出水氨氮浓度。

动态模拟和 $R_{\text{Nit,Max/L}}$ 值在设计和工艺优化研究中对理解生物膜的好处非常有用，那么它们对于系统的操作运行有什么用处吗？是否有一种监测安全系数的方式或者能够实时管理峰值负荷的方法？图 6-2 提供了回答这些问题的一些指导原则。如果氨氮限制工况是管理峰值负荷情况的关键，那么实时监测处于"氨氮限制工况"的生物池的比例就能够对安全系数实现量化。这可能意味着可以采用传感器来量化氨氮浓度限制硝化速率的生化池比例：对混合液而言该浓度大约为 0～1mg N/L 或 2mg N/L，而对 MABR 生物膜来说该浓度为 0 到高达 20mg N/L。

基于氨氮的曝气控制（ABAC）可能是一个更加巧妙的量化安全系数的方法。举例来说，如果 ABAC 控制策略在平均负荷条件下的溶解氧为 1mg O_2/L，很显然系统是有多余的处理容量的，这只需要在峰值负荷条件下将溶解氧从 1mg O_2/L 提高到 2mg O_2/L 就可以增加系统的硝化容量。假定采用 Monod 公式来描述溶解氧对硝化速率的影响，那么一个工艺系统的安全系数就能够基于在平均负荷条件下溶解氧的设置能降低到多低来量化。这种方法对于 ABAC 应用于组合工艺时仍然有效。

6.4.2　更长的泥龄还是更多的生物膜？

对于活性污泥工艺来说，要获得可靠的硝化通常是维持尽可能长的泥龄，从而最大化可利用的硝化菌总量以去除处于波动变化的进水氨氮负荷。从另一个角度来看，延长泥龄的目标就是降低氨氮负荷与混合液中硝化菌总量的相对值。这已经在本书中先后展示过，即如图 6-11 所示的混合液 NH_4：AOB 比值，还有第 1 章和第 4 章中的最大可能硝化能力/进水负荷比值 $R_{Nit,Max/L}$。

通过延长泥龄来最小化 NH_4：AOB 比值或者最大化 $R_{Nit,Max/L}$ 值可以为管理峰值负荷提供附加的安全系数。然而，这个原理也存在一些限制。混合液硝化菌的内源衰减导致长泥龄运行回报的逐渐减少，这是因为长泥龄意味着更多的硝化菌衰减。重要的是要认识到组合系统是如何通过以下因素来获得安全系数的：生物膜去除氨氮的综合影响、接种效应，以及在氨氮限制工况下的自然负荷消减效应。因而，生物膜组合工艺提供了一种不需要依赖延长泥龄而获得硝化"安全系数"的新方法。

正如第 1 章所讨论的，工艺强化的目标不应该是降低安全系数。安全系数对于管理进水负荷的变化和提高水厂运行的灵活性来说都是至关重要的。以降低安全系数为代价来运行活性污泥工艺根本就不是真正的工艺强化，这只是单纯地增加了出水超标的风险。但是，通过延长泥龄获得安全系数的机会成本也不能被忽略。这一点对于无论是在比较投资和运行成本还是在制定污水中碳和营养物资源回收的长期策略时，都是需要认真考虑的。通过在低泥龄条件下实现安全系数的强化，生物膜组合工艺为传统活性污泥法提供了一个有价值的替代解决方案，以获得对传统活性污泥法来说不可兼得的目标，包括工艺可靠、投资和运行成本低，并实现资源回收。

附录 A 术语列表

Ammonia-Limited kinetics 氨氮限制动力学：也被称为基质限制动力学，这一现象出现在液相氨氮负荷增加，氨氮去除速率随之增加的时候。

ASM models ASM 模型：业内人士用来指示最初为活性污泥工艺开发的一系列生物动力学模型的术语。这些模型应用于研究与商业模拟软件，一直用来预测混合液生物及生物膜的行为。

Biochemical oxygen demand（BOD） 生化需氧量（BOD）：该术语在本书中用来指示可生物降解的有机物，该有机物将导致活性污泥混合液及生物膜对氧气的需求。不要将该术语与 BOD_5 相混淆，BOD_5 指的是在实验室条件下 5 天内对氧气产生需求的那一部分有机物。

Capacity 处理规模：指的是一个工艺或系统能够处理的水量、负荷或与该水量或负荷相当的人口总量。

Completely-mixed reactor 完全混合反应器（CSTR）：指的是连续进水，出水与进水流量相等的一类反应器。由于该反应器内是完全均相的，其出水中的可溶性和颗粒成分与反应器内的可溶性和颗粒成分的浓度完全相同。完全混合反应器（CSTR）是除进出水流量为零的序批式工艺之外的其他工艺模拟的基本假定条件。

Conventional Activated Sludge（CAS） 传统活性污泥（CAS）：指的是生化池内没有供生物膜生长的载体，也没有设置用于去除营养物的非曝气区的传统活性污泥工艺。

Fixed-media/AS 固定载体/活性污泥组合工艺：指的是生物膜组成部分由固定载体支撑的生物膜来提供的一类组合工艺构型。

Flux 通量：通量这一术语用来表征可溶性成分进入或离开生物膜的扩散速率。氨氮进入生物膜的通量有可能等同于生物膜硝化反应速率。

Fully-penetrated 完全穿透：当生物膜由内到外没有任何浓度限制时，该生物膜可称为由基质或氧气完全穿透或透过的生物膜。

Integrated Fixed-Film/Activated Sludge（IFAS） 生物膜/活性污泥组合工艺（简称为 IFAS 工艺）：在活性污泥生化池内含有载体支撑的生物膜的所有工艺。在该工艺中，生物膜内的污泥为混合液内的污泥提供附加或补充的处理。

Intensification 强化：工艺强化指的是在现有容积内增加处理的水量或负荷。

Membrane Aerated Biofilm Reactor（MABR） 膜传氧生物膜反应器（MABR）：指的是氧气从载体扩散至生物膜底层的一类载体生物膜反应器。结果为异向扩散生物膜，其中氧气从载体扩散至生物膜底层，而其他基质由液相扩散至生物膜内。

Membrane Aerated Biofilm Reactor/Activated Sludge（MABR/AS） 膜传氧生物膜反应器（MABR）/活性污泥组合工艺：生物膜组成部分由 MABR 来提供的一类 IFAS 工艺构型。

Monod relationship　Monod 关系式：联系氨氮和/或溶解氧浓度以及二者相应的半饱和浓度与硝化速率之间的数学表达式：$\mu = \hat{\mu} \dfrac{DO}{DO + K_{O_2}} \dfrac{S_{NH_x}}{S_{NH_x} + K_N}$。

Moving Bed Biofilm Reactor（MBBR）　移动床生物膜反应器（MBBR）：载体由筛或网截留的一类工艺构型。载体支撑生物膜的生长，并由于曝气或机械搅拌呈"可移动"状态。

Moving Bed Biofilm Reactor/Activated Sludge（MBBR/AS）　移动床生物膜反应器（MBBR）/活性污泥组合工艺：生物膜组成部分由 MBBR 来提供的一类 IFAS 工艺构型。

Oxygen-limited kinetics　氧气限制动力学：这一现象出现在混合液溶解氧浓度（或 MABR 工艺气体流量）增加，基质去除速率（或氧气传递效率 OTE）随之增加的时候。

Oxygen transfer efficiency（OTE）　氧气传递效率（OTE）：现场工况下氧气传递至工艺系统的效率。对 MABR 工艺而言，OTE 基于现场工况下其尾气中的氧气含量或百分比。对混合液曝气系统来说，OTE 可以采用测量置于生化池的尾气收集器内的氧气含量或百分比来计算。而更为常规的方法是基于曝气器供应商在清水条件下的标准氧气传递效率，通过一些校正因子用来考虑现场工况的影响。

Oxygen transfer rate（OTR）　氧气传递速率（OTR）：MABR 工艺中氧气传入生物膜的速率。由氧气传递效率（OTE）和空气流量来计算，通常采用表面积归一化，其单位为 g/（m² · d）。

Rated capacity　设计规模：指的是一个工艺或系统可允许处理的水量、负荷或与该水量或负荷相当的人口总量。

Safety factor　安全系数：该安全系数乘以最小泥龄得到设计泥龄，设计泥龄是设计生化池和二沉池尺寸大小的基础。安全系数对于管理进水负荷的变化十分关键，并为现实条件下运行的活性污泥工艺提供必要的灵活性。

Seeding effect　接种效应：接种效应用于描述从生物膜分离或脱落的硝化菌对混合液硝化容量的有益的影响，等同于"生物增效"。

Sludge Retention Time（SRT）　泥龄（SRT）：V/Q。需要指出的是，好氧泥龄是影响硝化的关键参数。在生物脱氮除磷工艺中，由于生化池具有相当一部分非曝气区域，这时就需要考虑好氧泥龄了。

Trickling Filter/Activated Sludge（TF/AS）滴滤池（TF）/活性污泥组合工艺：活性污泥工艺处于滴滤池下游的一类组合工艺构型。

Two-step nitrification　两步硝化：两步硝化指的是由两组不同的自养菌将氨氮先转化为亚硝酸盐氮，然后转化为硝酸盐氮的硝化模型。这是目前模拟软件模拟硝化的最佳方法。

Washout SRT　清零泥龄：当运行泥龄低于清零泥龄（washout SRT）时，硝化菌离开系统的速率高于其生长速率。该过程是不可持续的，因此我们称之为"清零"条件。

附录 B 符号列表

A——载体表面积，m^2；

AE——充氧动力效率，表示每消耗 1kWh 电传输到工艺的氧气 kg 数，$kg\ O_2/kWh$；

$A_{Nit,Max}$——假定氨氮和氧气都不是硝化速率限制因素下的混合液的最大潜在硝化活性，$kg\ NH_4^+-N/d$；

b——氨氧化菌的比衰减速率，d^{-1}；

b_{20C}——氨氧化菌在 20℃下的比衰减速率，d^{-1}；

$B_{固体}$——载体上覆盖的生物膜干重，g/m^2；

$F_{Nit,B}$——由生物膜去除的进水氨氮负荷比例，%；

$F_{填充}$——MBBR/活性污泥组合工艺中的载体在生物池内的填充比，%；

J_N——用于第 2 章中 Sen 和 Randall 所用设计公式，在给定混合液溶解氧和氨氮浓度下，J_N 表示进入同向扩散生物膜内的氨氮通量，$g\ N/(m^2 \cdot d)$；

$J_{N,max}$——用于第 2 章中 Sen 和 Randall 所用设计公式，在给定混合液溶解氧和氨氮浓度下，$J_{N,max}$ 表示进入同向扩散生物膜内的最大潜在氨氮通量，$g\ N/(m^2 \cdot d)$；

J_{O_2}——氧气进入生物膜的通量，$g/(m^2 \cdot d)$；

$k_{n,BF}$——用于第 2 章中 Sen 和 Randall 所用设计公式，在生物膜硝化速率从最大硝化潜力值降低 1/2 时的混合液氨氮浓度，$mg\ N/L$；

K_S 或 K_N——在混合液硝化速率从最大硝化潜力值降低 1/2 时的混合液氨氮浓度，$mg\ N/L$；

L_{ML}——扣除生物膜去除的那部分之后的需要混合液处理的氨氮负荷，$kg\ NH_4^+-N/d$；

M_{AOB}——生化池内混合液中的氨氧化菌（硝化菌）总量，$kg\ COD$；

$M_{生物膜}$——生物膜污泥干重总量，kg；

M_{MLSS}——混合液污泥总量，kg；

$MLSS$——混合液污泥浓度，mg/L；

N——生化池内的氨氮浓度，$mg\ N/L$；

Q——进水流量，m^3/d；

$R_{Nit,max/L}$——混合液最大硝化潜力与混合液需要处理的平均进水氨氮负荷的比值，$(kg\ NH_4^+-N/d)/(kg\ NH_4^+-N/d)$；

S 或 S_{NHx}——生化池的氨氮浓度，在完全混合条件下与出水氨氮浓度相等，$mg\ N/L$；

SF——用于设计泥龄的安全系数，-；

S_0 或 $S_{NHx,0}$——在扣除生物膜去除部分（$F_{Nit,B}$）之后的混合液需要处理的有效氨氮浓度，$mg\ N/L$；

S_{Inf} 或 $S_{NHx,Inf}$——在扣除生物膜去除部分（$F_{Nit,B}$）之前的进水氨氮浓度，$mg\ N/L$；

SRT——泥龄，d；

SRT_B 或 SRT_{BF}——生物膜的平均泥龄，d；

$SRT_{设计}$——基于生化池和二沉池尺寸确认的包括安全系数的设计泥龄，d；

SRT_{min}——采用稳态设计公式且没有考虑任何安全系数的达到出水氨氮目标所需要的最小泥龄，d；

SSA——MBBR 载体的比表面积，m^2/m^3；

T——温度，℃；

V——生化池容积，m^3；

X_{AOB} 或 X——生化池内的氨氧化菌（硝化菌）浓度，mg COD/L；

$X_{AOB,0}$ 或 X_0——在考虑从上游或活性污泥工艺内部的硝化生物膜接种时，进水中的氨氧化菌（硝化菌）等效浓度，mg COD/L；

Y——氨氧化菌（硝化菌）增长产率，mg COD/mg N；

Y_{obs}——包括内源衰减影响的氨氧化菌（硝化菌）观测产率，mg COD/mg N；

$Y_{脱落}$——与生物膜氨氮去除量相对应，从生物膜脱落至液相中的氨氧化菌（硝化菌）产率，mg COD/mg N；

$\hat{\mu}_{20C}$——当氨氮和氧气为非限制因素时，氨氧化菌（硝化菌）在20℃下的最大比增长速率，d^{-1}；

μ——在本书中是指假定氨氮为非限制因素且溶解氧在2mg O_2/L下混合液中的氨氧化菌（硝化菌）的比增长速率，d^{-1}；

τ——用于表示水力停留时间，在恒化器中等同于泥龄（SRT）。这个符号在推导解析解时为水力停留时间（HRT）的缩写词，d；

θ_b——用于氨氧化菌（硝化菌）比衰减速率 b 的温度阿伦尼乌斯系数，-；

θ_μ——用于氨氧化菌（硝化菌）比生长速率 μ 的温度阿伦尼乌斯系数，-。

参考文献

1. Metcalf & Eddy AECOM. *Wastewater Engineering: Treatment and Resource Recovery, Fifth Edition*. McGraw-Hill Education, 2014.

2. M. Aybar, P. Perez-Calleja, J.P. Pavissich, and R. Nerenberg. Predation creates unique void layer in membrane-aerated biofilms. *Water Research*, 149:232–242, 2019.

3. A.C. Cole, M.J. Semmens, and T.M. Lapara. Stratification of activity and bacterial community structure in biofilms grown on membranes transferring oxygen. *Appl Environ Microbiol*, 70(4):1982–1989, 2004.

4. P. Côté, J.-L. Bersillon, and A. Huyard. Bubble-free aeration using membranes: mass transfer analysis. *Journal of Membrane Science*, pages 91–106, 1989.

5. G.T. Daigger, L.E. Norton, R.S. Watson, D. Crawford, and R.B. Sieger. Process and kinetic analysis of nitrification in coupled trickling filter/activated sludge processes. *Water Environment Research*, 65(6):750–758, 1993.

6. G.T. Daigger, E. Redmond, and L. Downing. Enhanced settling in activated sludge: design and operation considerations. *Water Science & Technology*, 78:247–258, 2018.

7. M.K. de Kreuk and M.C.M. van Loosdrecht. Aerobic granular sludge - state of the art. *Water Science & Technology*, 55(8):75–81, 2007.

8. L.S. Downing and R. Nerenberg. Effect of bulk liquid BOD concentration on activity and microbial community structure of a nitrifying, membrane-aerated biofilm. *Applied Microbiology and Biotechnology*, 81:153–162, 2008.

9. Water Environment Federation. *Biofilm Reactors WEF Manual of Practice No. 35*. Water Environment Federation, Alexandria, VA, USA, 2010.

10. C.P.L. Jr. Grady, G.T. Daigger, N.G. Love, and C.D.M. Filipe. *Biological Wastewater Treatment*. CRC Press, Taylor & Francis Group, 2011.

11. L. Hem, B. Rusten, and H. Ødegaard. Nitrification in a moving bed biofilm reactor. *Water Research*, 28(6):1425–1433, 1994.

12. M. Henze, W. Gujer, T. Mino, and M. van Loosdrecht. *Activated Sludge Models ASM1, ASM2, ASM2d and ASM3*. London: IWA Publishing, 2000.

13. H. Horn and S. Lackner. Modeling of biofilm systems: a review. *Adv. Biochem. Eng. Biotechnol.*, pages 53–76, 2014.

14. D. Houweling, Z. Long, J. Peeters, N. Adams, P. Côté, G. Daigger, and S. Snowling. Ntirifying below the "washout SRT": experimental and modeling results for a hybrid MABR / activated sludge process. In *Proceedings of the WEFTEC 2018*, pages 1250–1263. WEFTEC Press, 2018.

15. D. Houweling, F. Monette, L. Millette, and Y. Comeau. Modelling nitrification of a lagoon effluent in moving-bed biofilm reactors. *Water Quality Research Journal of Canada*, 42(4):284–294, 2007.

16. D. Houweling, J. Peeters, P. Côté, Z. Long, and N. Adams. Proving membrane aerated biofilm reactor (MABR) performance and reliability: results from four pilots and a full-scale plant. In *Proceedings of the WEFTEC 2017*. WEFTEC Press, 2017.

17. C. Jenkins and S.J. Yeh. Pure oxygen fixed film reactor. *Journal of the Environmental Engineering Division, ASCE*, 4:611–623, 1978.

18. J. Jimenez, D. Dursun, P. Dold, J. Bratby, J. Keller, and D. Parker. Simultaneous nitrification-denitrification to meet low effluent nitrogen limits: modeling, performance and reliability. In *Proceedings of the WEFTEC 2010*. WEFTEC Press, 2010.

19. T.E. Kunetz, A. Oskouie, A. Poonsapaya, J. Peeters, N. Adams, Z. Long, and P. Côté. Innovative membrane-aerated biofilm reactor pilot test to achieve low-energy nutrient removal at the Chicago MWRD. In *Proceedings of the WEFTEC 2016*. WEFTEC Press, 2016.

20. T.M. LaPara, A.C. Cole, J.W. Shanahan, and M.J. Semmens. The effects of organic carbon, ammoniacal-nitrogen, and oxygen partial pressure on the stratification of membrane-aerated biofilms. *J Ind Microbiol Biotech*, 33(4):315–323, 2006.

21. Ontario Ministry of the Environment Sewage Technical Working Group. *Design Guidelines for Sewage Works*. Ontario Ministry of the Environment, 2008.

22. Wastewater Committe of the Great Lakes Upper Mississippi River. *Recommended Standards for Wastewater Facilities (Ten States Standards)*. Board of State and Provincial Public Health and Environmental Managers, 2014.

23. C. Pellicer-Nàcher, S. Sun, S. Lackner, A. Terada, F. Schreiber, Q. Zhou, and B.F. Smets. Sequential aeration of membrane-aerated biofilm reactors for high-rate autotrophic nitrogen removal: experimental demonstration. *Environmental Science and Technology*, 44(19):7628–34, 2010.

24. E. Plaza, J. Trela, and B. Hultman. Impact of seeding with nitrifying bacteria on nitrification process efficiency. *Water Science & Technology*, 43:155–163, 2001.

25. German ATV-DVWK Rules and Standards. *Dimensioning of Single-Stage Activated Sludge Plants*. German Association for Water, Wastewater and Waste, 2000.

26. B. Rusten, L. Hem, and H. Ødegaard. Nitrification of municpal wastewater in novel moving bed biofilm reactors. *Water Environment Research*, 67(1):75–86, 1995.

27. K. Rutt, J. Seda, and C.H. Johnson. Two year case study of integrated fixed film activated sludge (ifas) at Broomfield, CO WWTP. In *Proceedings of the WEFTEC 2006*, pages 225–239, 2006.

28. R. B. Schaffer, F. J. Ludzack, and M. B. Ettinger. Sewage treatment by oxygenation through permeable plastic films. *Journal (Water Pollution Control Federation)*, 32(9):939–941, 1960.

29. D. Sen and C.W. Randall. Improved computation model (Aquifas) for activated sludge, integrated fixed-film activated sludge, and moving-bed biofilm reactor systems, part i: semi-empirical model development. *Water Environment Research*, 80(5):439–453, 1960.

30. P.S. Stewart. Diffusion in biofilms. *Journal of Bacteriology*, 185(5):1485–1491, 2003.

31. N. Sunner, Z. Long, D. Houweling, and J. Monti, A. and Peeters. MABR as a low-energy compact solution for nutrient removal upgrades – results from a demonstration in the UK. In *Proceedings of the WEFTEC 2018*, pages 1264–1281. WEFTEC Press, 2018.

32. I. Takács, C.M. Bye, K. Chapman, P.L. Dold, P.M. Fairlamb, and R.M. Jones. A biofilm model for engineering design. *Water Science & Technology*, pages 1–8, 2007.

33. W.A. Thomas. *Evaluation of Nitrification Kinetics for a 2.0 MGD IFAS Process Demonstration*. Master's thesis from Virginia Polytechnic Institute, Blacksburg, VA, USA, 2009.

34. A. Underwood, C. McMains, D. Coutts, J. Peeters, J. Ireland, and D. Houweling. Design and startup of the first full-scale membrane aerated biofilm reactor in the United States. In *Proceedings of the WEFTEC 2018*, pages 1282–1296. WEFTEC Press, 2018.

35. O. Wanner and P. Reichert. Mathematical modeling of mixed-culture biofilms. *Biotechnology & Bioengineering*, 49:172–184, 1996.

36. H. Ødegaard. Applications of the MBBR processes for nutrient removal. In *Proceedings of the 2nd Specialized IWA Conference in Nutrient Management in Wastewater Treatment Processes*, Kraków, Poland, 6-9 September 2009, pages 1–11, 2009.

37. Europe, S. 2019. Surfrider Foundation Europe. Available at: https://surfrider.eu/en/biomedia-filters-a-new-pollution-in-the-atlantic/ Accessed 3 Jul 2019.